北大路魯山人
吉川英治
佐藤垢石
大町桂月
太宰治等
——著
張嘉芬
——譯

和日本文豪一起做料理

佐料提味、傳統割烹、熬湯燉物……一起沉浸在美好的時鮮滋味

目次

輯二　私房食記

寫在前面——食在誠意：給掌勺人的廚藝之道

◎王文萱（日本京都大學博士）

「料理是以自然為素材，一面滿足人類最原始的本能，一面將技術提升到幾近藝術的程度。」

——北大路魯山人

北大路魯山人（KITAOOJI ROSANJIN，一八八三—一九五九），本名房次郎，是美食家、料理家，同時也是畫家、陶藝家、書法家、篆刻家。他一生自信過人、個性孤僻、桀傲不馴，在料理方面不僅追求滋味，更追求藝術性、講究美。他出身於京都上賀茂神社世襲神職之家，但出生前父親自殺，母親將他寄養之後失蹤，自幼過著顛沛流離的生活。不過這並未阻擋他發展與生俱來的美感與天分，魯山人自幼對書畫有興趣，不但自學書畫，還陸續在比賽及展覽會中獲獎。

二十歲時魯山人離開京都到東京，以書法家為志業。其後他活躍於各藝術領域，並且在各地以食客身分寄宿，提升對於美食與器皿的見識。魯山人在美食方面的業績，值得一提的是他於一九二一（大正十）年設立的會員制食堂「美食俱樂部」。他不僅自己下廚，還自己規畫並創作使用的餐具器皿。一九二五（大正十四）年，他與「便利堂」（美術相關印刷出版公司）的中村竹四郎接手經營不振的「星岡茶寮」。「星岡茶寮」位於今日東京都永田町，原本是教授茶道或舉辦茶會的高級社交場所，魯山人擔任顧問兼料理長，將其改為會員制的高級料亭。一九二七（昭和二）年，魯山人設立「星岡窯」，正式著手陶藝活動。本書〈料理與餐具〉、〈餐具是料理的衣裳〉、〈烹飪精神〉等篇章，便可窺知魯山人如何講究料理與器皿搭配之美。一九五五（昭和三十）年，他因織部燒（傳統陶器種類，為茶人古田織部所創，以銅綠釉為主，外型大多歪曲不對稱）的技術，被指定為日本重要無形文化財保持者，也就是一般被稱為「人間國寶」的殊榮，但他辭退了這項榮耀。

由於魯山人性格乖僻、說話率直甚至刻薄，因此人們對魯山人的評價褒貶不一。但他的批評總是一針見血、直指重點，值得讓人深思反省。例如他在〈家常菜漫談〉當中，敘述朋友家的女傭烹飪手藝很獲好評，實際嘗過之後發現不過只是一般餐館的菜色罷了，沒什麼了不起。魯山人表示，這只是因為大家對這位朋友太過恭維，而且「老女傭做到了外行人做不到的事，所以從這個角度思考，會覺得她的廚藝的確是很高明。然而世人竟滿足於這樣的程度，不思追求更精緻的美饌，難怪永遠無法領悟廚藝之道」。或他在〈日本料理的要點——寫給新進廚師〉當中表示，現今許多廚師烹調出了一些扼殺食材特質的菜餚，讓外行人無法辨識出材料，這是不可取的行為，因為「烹飪最根本的真諦，在於不扼殺食材原有的、本質上的滋味」。

的確，「食材原有的、本質上的滋味」，這便是魯山人不斷在文章中強調的、日本料理的基礎概念。他表示「料理的根本在於食材。……（中略）……不管是海鮮或蔬菜，唯有在自然、天然生長的季節裡取得的食材，才是好東西」（〈日本料理的要點——寫給新進廚師〉），「掌勺之人須知所有食材皆有其獨特、原有的滋味，並懂得如何妥善運用，或至少不可折損」（〈佳餚妙味〉）。有了順應自然環境及季節生長的好食材後，「掌勺之人必須衷心喜愛烹飪，還要有一個吃得出滋味好壞的舌頭」（〈日本料理的基本觀念〉），「除了料理本身之外，和料理形影不離的餐具，也要精挑細選」（〈料理與餐具〉）。如此一來，便可將飲膳提升到更高層次——也就是藝術——的境界了。

魯山人〈烹飪精神〉這篇文章，正好將他上述想法下了最完整的結論。他認為，烹飪的要訣，首先要講究人的真心誠意。其次需要的是聰明。再其次，應該就是熱情與努力。具備這些條件後，要進入烹調階段時，首先要對材料把關。其次要考量廚師「斟酌」的本事，斟酌燉煮軟硬、斟酌水量、斟酌火侯……。再來講究「美」，也就是餐點賣相。接著是餐點擺盤，再接著，若能讓人現煮現嘗，那麼料理會更顯美味。最後的烹飪祕訣，便是掌勺之人應餓著肚子做菜，味覺才不會遲鈍。

被世人看做行為怪誕、桀傲不遜的奇才魯山人，對料理的見解卻是再踏實也不過，紮實地道出了日本料理的基本精神、技法及精髓。本書輯一部分還附上了他的料理筆記，香魚、握壽司、天婦羅、蒲燒鰻魚、生魚片、雞肉……，魯山人細細地描述出這些基礎食材的處理方式。美食本來就不只在於稀有的珍饈佳餚，只要是在自然、天然生長的季節裡取得的食材，經過掌勺者細心烹調，都能轉身變成餐桌上的美味。

※

本書輯二部分，收錄的是作家們的私房食記。作家們有的寫食材、有的寫經驗、有的寫文化。小說家吉川英治的〈河豚〉，寫的是日本獨特的河豚文化。其實「河豚」對吉川英治來說別具意義，正因為他第一次食用河豚魚鰭酒的當晚，「犯了類似『君子之過』的過錯」。當時他與妻子家庭關係不和睦，魚鰭酒下肚，便與一名妓過了一宿，其後他便與那名妓過了輾轉在各溫泉地流浪的生活。

〈香魚禮讚〉、〈生魚片〉的作者佐藤垢石，不僅以釣魚相關文章聞名，連筆名「垢石」都來自釣魚用語。指的是香魚會食用水底石頭上的水苔（香魚釣師稱其為「垢」），而香魚釣師們會憑著這些水苔痕跡來判斷魚的所在地。〈香魚禮讚〉詳盡地介紹了日本代表性的溪流，及溪邊的垂釣光景、與各地的香魚品質。在〈生魚片〉中他表示鯨魚最美味，河魚當中為香魚最佳，海魚則推秋季的甘仔魚。

大町桂月的〈河魚料理〉，記的是一行人造訪位於柴又的河魚料亭「川甚」。這間料亭創業於一七九〇年左右，至今已有兩百二十多年的歷史。據說從前位於江戶川畔，客人可直接乘船入店。「川甚」受到明治大正時期的文豪們喜愛，經常出現在文學作品當中，例如夏目漱石〈彼岸過迄〉、谷崎潤一郎〈羹〉等，都曾出現對「川甚」的描述。電影導演黑澤明、漫畫家手塚治虫等人也曾經是川甚的座上賓。

太宰治〈眉山〉記的是一位少女的故事，而故事場景的餐廳，對太宰治來說，意義深遠。這是位於新宿的鰻魚店「若松屋」。當時太宰治居住在三鷹，家附近就有間魚店「若松屋」，據他記述，新宿的鰻魚店「若松屋」，是三鷹「若松屋」老闆的姊姊營業的。這兩間「若松屋」，都是太宰治時常造訪的地方。而三鷹的「若松屋」現今搬到了國分寺，已經繼承給下一代，門口招牌還貼著初代老闆與太宰治的合照。甚至據說太宰治於

給下一代，門口招牌還貼著初代老闆與太宰治的合照。甚至據說太宰治於一九四八年投水自盡時，還是若松屋初代老闆到河邊捕鰻魚時發現的。

作家林芙美子將她在國外、國內以及家中享用早餐的經驗，記載在〈早餐〉一文當中。有過不少海外經驗的林芙美子，寫倫敦的早餐、也寫巴黎的早餐，以及她在各地旅遊所享用的早餐。她更細細回憶旅途中早餐曾出現的美味米飯、果醬、土司、及各式菜餚。同樣是女性作家的岡本加乃子，寫的則是「雜煮」這道日本料理。「雜煮」是在湯中加入年糕及各種食材所煮成的料理，人們大多是在新年時享用。由於日本各地以及每個家庭的雜煮口味差異極大，文章中敘述的便是作者品嘗不同地方雜煮的經驗。

料理研究家村井政善的〈蕎麥麵的口味與吃法問題〉，將蕎麥麵這種幾百年來盛行的日本料理，從種類到吃法、製法、甚至是店面及餐具，論述得十分詳盡。為了讓讀者容易閱讀，以下簡單介紹蕎麥麵的基本知識——

蕎麥麵是以蕎麥這種穀物為原料，將其製成蕎麥粉之後再加工成的麵條。若以蕎麥粉的種類來分，一般可分為「更科蕎麥」、「田舍蕎麥」、「藪」系的蕎麥。更科蕎麥是用蕎麥中心磨出的粉所製成，顏色較白並且香。田舍蕎麥是用摻有蕎麥殼、顏色較黑的蕎麥粉所製成的，「藪」系的蕎麥則是用帶著皮的蕎麥所磨成，顏色帶黃綠。而江戶蕎麥麵有所謂的三大「流派」——「砂場」、「更科」、「藪」，其中「更科」和「藪」這兩種流派的蕎麥麵店，製作的就是前述兩種種類的蕎麥麵。本篇文章當中也提到了幾間製作更科蕎麥麵的名店。此外，也有依照蕎麥粉使用比例的分類方法。「十割蕎麥」指的是只使用蕎麥粉來製作的麵，而「二八蕎麥」

指的是使用八成蕎麥粉、兩成麵粉所製成的麵（另一說法是江戶時代時這種蕎麥麵價值十六文錢而來）。至於其他更深入的分析，村井政善的文章當中有詳盡的論述。

※

本書從魯山人的料理基礎，論到食材、器皿，再藉各家文章，講述料理的文化、歷史、以及與食相關的經驗。所謂料理——正如魯山人所述的，不僅滿足了人類的原始本能，更是一種美，是融合了人生各種面向所呈現出來的藝術結晶。

作者簡介

王文萱，網路筆名Doco。京都大學博士，研究日本大正時代畫家竹久夢二。譯作二十餘本，並主持日本傳統文化推廣組織【MIYABI日本傳統文化】。日本傳統文化相關資格：全日本和服顧問協會會員、和服顧問九級、日本裝道禮法和服學院禮法講師、日本生田流箏曲正派邦樂會準師範、日本茶顧問等。著有《京都爛漫》（2013）。

輯一　料理之心

料理的第一步

北大路魯山人｜きたおおじ　ろさんじん

我認為思考很重要，開口詢問也很重要，而身體力行更是重要。想做出美味佳餚的念頭，和動手烹調美味的佳餚，兩件事看似極為相似，實則不然。

有個男人，老婆跑了之後，便自己過著獨居生活。男人心想：

「我得先找一塊地，一塊肥沃的土地。找到之後，我要在那塊地上種菜，這樣就可以每天都有菜吃了。」

可是，男人並沒有出門找地，整天都在家裡遊手好閒。不過，遊手好閒肚子還是會餓，於是他便啃起了家裡的麵包。隔天，男人靈機一動：

「種菜也不錯，但我還是養牛好了。然後再養豬，這樣我就有好吃的肉可吃了。」

可是，男人依舊無所事事，遊手好閒。肚子餓的時候，就啃啃麵包。男人的腦袋，看來似乎稍微變大了一點。

隔天，男人又心生一計。

「就算老婆不在家，我還是有東西吃。等等，我可以自己煮菜燒飯呀！我要打造一個方便好用、乾淨明亮的廚房，讓我只要伸手就能下廚，不必忙得團團轉。」

然而，男人卻完全沒有任何實際的作為。他肚子餓了起來，正打算要拿麵包來吃的時候，才發現麵包已經吃光了。於是他考慮要直接啃米桶裡的生米。

「等等，蓋個廚房當然是不錯，不過在建造廚房之前，縫製一身方便做事、輕便好穿的服裝，才是首要任務呀！」

但他還是什麼都不做，啃起了他老婆擺在屋裡角落那個櫥櫃裡的蘋果。男人的頭似乎又稍微變大了一點。

「對了對了，我來弄個果園吧！有從樹上新鮮現摘的水果可吃，簡直棒透啦！」

可是，男人依舊什麼都沒做。於是他又啃了米桶裡的一些米。

就這樣，男人想東想西，腦袋變得越來越大。又因為他完全不勞動，所以手腳漸漸變小。他家裡的米和水果，所有能吃的東西都吃完了，但他還是不停地想東想西，繼續再想。於是男人的頭越來越大，手腳和身體變得越來越小。

能吃的東西都吃光了，男人竟吃掉了自己萎縮的雙腳。而他還是沒有停止動腦，所以腦袋又變得更大了。男人家裡依舊沒有食物可吃，於是他又把自己的身體和手吃掉了。

到頭來，男人已經沒有其他東西可吃，只剩下想東想西的腦袋，和負責吃的那張嘴。他想的事情都沒有錯，只是他並沒有執行當中的任何一件事。世上有很多這樣的大頭男人。我的腦中，不時就會想起男人這個令人毛骨悚然的故事。

有些人想的都是對的、好的，說的話一點都沒錯。而這當中有些人卻是光說不練，什麼都不做。

想把料理烹調成美味佳餚，祕訣就是要身體力行。我很期待各位來批判我說的話究竟對或不對，如果您覺得我說的話頗有幾分道理，那就盼請您務必確實執行。

我認為思考很重要，開口詢問也很重要，而身體力行更是重要。

想做出美味佳餚的念頭，和動手烹調美味的佳餚，兩件事看似極為相似，實則不然。

我們即使有想做某件事的念頭，往往還是很難萌生起身行動的意願；有了起身行動的意願，到真正完成行動，還需要一些時間。然而，把「想做」的念頭，轉換成決心行動的意願，花的時間不超過一秒鐘。請您先心懷想望。有了「我想試試看」的想望之後，再請您下定決心，堅持把事情貫徹到底。下定決心之後，就要盡速展開行動。這些事情一點都不難。世上應該不需要更多毫無作為，只是想著事情很難達成，便因此而打退堂鼓的人了吧？

料理和我們的生活息息相關，而烹飪的訣竅，其實也隨時出現在你我俯拾皆是之處。然而，追求廚藝精進之道，或許是一條漫長的道路。不過，這條漫漫長路，總始於腳下那些俯拾皆是的第一步。

◎作者簡介

北大路魯山人・きたおおじ　ろさんじん

一八八三―一九五九

日本著名全才藝術家，擁有美食家、陶藝家、書法家、畫家等身分。一八八三年出生於京都上賀茂，是上賀茂神社住持北大路清操次子，本名房次郎。年輕時志願當畫家，於書法和篆刻領域展現才華，一九二一年在東京開設古董藝術品商行。而自幼養成對料理的興趣驅使他前往日本各地修行，包括長濱、京都和金澤等地。一九二五年擔任高級料亭「星岡茶寮」顧問兼料理長而遠近馳名，店內使用餐具更是他親自發想製作。以「餐具是料理的衣服」為口號，晚年投入陶藝創作，將美意識引進飲食領域，創造日本獨特食膳文化。

佳餚妙味

北大路魯山人｜きたおおじ　ろさんじん

因為食材的獨特滋味，並非可以人為、人工調製，垂手可得的味道。鹽、醬油、酒、味醂、砂糖、味精、柴魚片、昆布、小魚乾等，這些調味料都各有好滋味，但它們終究是烹調時的輔助材料。以為光靠它們的調味，就能讓菜餚吃起來可口，是一種錯誤的觀念。

想烹煮出美味佳餚，根本之道就是要活用食材，唯此而已。所謂的活用食材，並非強人所難，要求死魚游泳。說得更簡單一點，就是要力行俗語所說的「美食當於今宵嘗」即可。一道佳餚，若於今晚吃下，就能品嘗到箇中美味；但若反其道而行，留到隔天才吃，就會扼殺掉它的滋味。掌勺之人只要懂得這種反其道而行之舉，悖離了烹飪心法的根本要諦即可。牛肉等部分食材，現宰後肉質較硬，不宜食用，除去此等例外，肉大多是越新鮮越美味；魚類固然也有像鯛魚生魚片這種現撈也好吃，擺放一天處理過後也可口的食材，但就連小魚，其實也都是越接近現撈越美味；而蔬菜更是要切記越新鮮越好。

世上沒有哪一種蔬菜是離土越久、滋味越好的。只要能掌握這一點，應該就能烹煮出美味的佳餚。

接著，掌勺之人須知所有食材皆有其獨特、原有的滋味，並懂得如何妥善運用，或至少不可折損。我們平常所吃的魚，種類大致固定，但一整年算下來，應該也多達成百上千。從山上、田裡摘採來的蔬菜，數量毫不比魚類遜色。這數百種的食材，每個都有其與生俱來、與眾不同的獨特滋味。懂得如何把目光焦點放到這些獨特滋味上，才是關鍵。而對此時時留心注意，不忘不失，更應該是掌廚人的根本精神。

因為食材的獨特滋味，並非可以人為、人工調製，垂手可得的味道。鹽、醬油、酒、味醂、砂糖、味精、柴魚片、昆布、小魚乾等，這些調味料都各有好滋味，但它們終究是烹調時的輔助材料。以為光靠它們的調味，就能讓菜餚吃起來可口，是一種錯誤的觀念。仔細數數上述這些調味料，也僅區區不到十種，數量相當有限。而山、海裡成千上百種的食物，都各有其獨特的滋味，更有著人工、人為所無法企及的特色。輕忽這些各具特色的天然滋味，濫自以人為加工、調製口味之類的做法，實應視之為冒瀆自然滋味之舉。

要提鮮增味，也應在了解調味原則後，再慎思為之。例如可以只加鹽的，就只加鹽；可以只加酒的，就只加酒；可以只用柴魚的，就只用柴魚；可以只用昆布的，就只用昆布。當然有時候也會需要用甲加乙、或用甲、乙加丙混合來提鮮增味。然而，提鮮增味的目的，在於讓人品嘗到魚、雞、蔬菜原本的滋味，而不是在吃那些用來提鮮增味的東西，因此掌勺者要懂得如何選擇合適的材料來烘托菜餚滋味。而要領會箇中的拿捏，需有相當程度的經驗，絕非一朝一夕之事。但只要不斷地致力追求精進，有朝一日就會得到肯定。若遲遲得不到肯定，烹飪便會讓人感到繁瑣，讓人在廚藝之道上難以精進。

通曉箇中道理之後，自然就會越做越有興趣；有了興趣之後，就會越來越能體會樂趣所在；有了樂趣之後，手腳就會不待指示，輕快地動起來。最後就連腦中的引擎都能靈活地運轉，帶動慧心機智源源不絕，掌勺人獨創的菜色也就自然應運而生。在合理、合法情況下的獨創，就會充滿迷人魅力。若非別具魅力，作品就不生動。生動的作品，就是與魅力攜手、水乳交融的作品。

無條件地將餐館料理的精巧細緻奉為圭臬，一味模仿，做出來的體面菜餚，再怎麼樣都很難稱得上是真正融通烹飪精髓之作。

料理祕訣

北大路魯山人｜きたおおじ　ろさんじん

對於料理，雖然我總是挑三揀四，不過說穿了，烹飪要做到合理、合法，第一步就是要拿到好材料。不管是魚貝、蔬菜還是飛禽走獸，都要用優質素材。而說到好材料，可能有人會馬上聯想到昂貴，其實不盡然是如此。

打造美味料理的祕訣……

嘗到可口佳餚的祕訣……

掌握這些祕訣，比什麼都重要。而所謂的祕訣，就像是魔術的機關一樣，沒什麼大不了的事。換言之，就是說出來不值錢的一點訣。而這一點訣，就是我曾多次提到的——要用好的素材，要選好的素材。寫到這裡，大部分的人可能會說「這個我早就想到了」。然而，凡事太早下定論，就是所謂的輕率、魯莽。請各位先冷靜下來，想想「教育」這件事。

料理的素材不佳，就無法烹調出一份可口的佳餚，以致於煮的人白費許多工夫，最後只留下慘澹的結果，徒勞無功。

其實，餐點會難吃，原因大多在於廚師在選擇素材時的茫昧無知、怠惰疏忽。不是選擇了一條錯誤的路，就是廚藝不精，無從判斷素材良莠。

有些人即使拿到了精良的材料，還是無法妥善運用，扼殺了素材的本質。這就像是天資聰穎的英才出現，而長輩卻不懂得如何教育、善誘。

各位在任何情況下，都能看出為料理的提鮮增味的素材——也就是柴魚的好壞嗎？能鑑別出昆布高湯的優劣嗎？即使是經常大談美食者，恐怕也鮮少有人能滿懷自信地回答這個最基本的問題。

味噌的好壞，醬油的種類和良莠，醋的好壞、色澤和香氣，油、鹽、砂糖等，這些東西，掌勺人平時是否仔細斟酌選用？

如果有人說「談這些太無趣了吧？」我就會冷冷地回敬一句：那就代表你無法要求自己隨時精進廚藝。

很多朋友都常問我高級餐飲的事，但這些人往往連個能把柴魚片削得又薄又漂亮的刨刀都沒有；就算有，也胡亂使用，不懂得正確的刨削方法。醬油、醋、酒等材料，在烹調時都扮演舉足輕重的角色，掌勺人卻沒好好用心留意，樣樣都亂七八糟。不懂昆布高湯該怎麼熬，也就罷了，但這些人竟連小魚乾高湯該怎麼熬都不知道。因此，他們該用多少分量等細節，當然也就隨便苟且。這樣的人要高談料理經濟，簡直令人噴飯。

有些人連每天早上煮的味噌湯，一年到頭都煮得毫無章法，竟也全然不以為意。

明明對餐飲不是真懂，卻還神態自若、趾高氣揚地說烏魚子一定要用長崎的，或這個內臟要怎麼處理等等。這些膚淺之徒，就算再怎麼想精進廚藝，都不可能辦到，不論是男是女都一樣。

「料理」這個詞，原本是審度事理[1]的意思，指的是要「審度事物的道理」，而不是烹調。

世人常以日本料理店、西洋料理店來稱呼餐館，這種說法讓人摸不著頭緒。「料理」這個詞，不像日文「割烹[2]」一詞帶有燉煮、分切之意。換句話說，所謂的「料理」是審度事理、思考事理，而審度、思考的，想必就是烹調的內容。料理的對象，可以是料理國家社稷、料理人情世故。而在割烹餐館，指的則是料理魚、菜之意。

簡而言之，要打造美味佳餚，就需要合理的調整、安排。追求合理的烹調方法，是每位掌勺之人必備的。

這樣一說，烹調就變成了一件相當麻煩的事。然而實際上，若掌廚者對烹飪興趣缺缺，那麼要烹調出美味的佳餚，恐怕將成為一件麻煩至極的

譯註｜1｜「料」在日文中又可讀為「Hakaru」，有衡量後妥善處理之意。

譯註｜2｜即「烹調」之意，特別用於指傳統日式菜餚的精緻烹調，或指供應此類餐點的日本餐館。

事。凡事都不能偏離事物的道理，不論是烘一片淺草海苔，或是烤一片米餅，若不能秉持上述這種精益求精的心態，就做不出令人滿意的成果。換言之，傻瓜不適合烹飪，但若能專心致志，勉力精進，那麼傻瓜也會變聰明。不過，傻瓜就只能學得會一件事。喔不，我還是說只要努力凡事都有可能吧。

對於料理，雖然我總是挑三揀四，不過說穿了，烹飪要做到合理、合法，第一步就是要拿到好材料。不管是魚貝、蔬菜還是飛禽走獸，都要用優質素材。而說到好材料，可能有人會馬上聯想到昂貴，其實不盡然是如此。一塊豆腐，不管向哪個攤子買，價格都一樣，所以向高明的豆腐店買，豆腐比較可口，當然就顯得比較划算。味噌、醬油、醋的價格，大致也差不了多少。這些日常的配菜、佐料，嘗得出好壞，挑得出優劣的老饕，就會用同樣的價格，吃美味的東西。一片鹽漬鮭魚，甚至是一條白蘿蔔，懂得品質好壞的內行人，就會花同樣的錢，吃到上等佳餚。此外，出手前已做好心理準備，打算即使價格稍貴，也願意為美食奢侈的老饕，更要以挑選食材為第一課。例如買一條鯛魚，要考慮清楚該買什麼樣的鯛魚？若鯛魚本身品質不佳，當然就端不出美味的鯛魚佳餚，這一點已毋需贅述。廣播節目當中常有人大方鼓吹「只要是白肉魚，每一種都好吃。」此等論述，我想都應視為寡廉鮮恥之輩的言論。

還有些外行人，一看到重達百兩的鯛魚，便讚嘆它的體型碩大，覺得它一定好吃。事實上這種魚大而無當，無論如何都不可能好吃。此外，看到魚市場裡的活鯛魚，外行人就眼睛發亮，心想品質最好的莫過於活鯛，但其實並不盡然。鯛魚有一種宰殺方式，俗稱「野締[3]」，就是在海上先宰殺並妥善保存，就可呈現出優質的鯛魚口感，且因為當場宰殺，多半都比市面上那些活鯛更美味。市面上的活鯛，從被撈捕上船到上岸，都關在船艙底下受苦，送上岸後又被放迫要委屈地生活在人工海水的小池裡。因此，左右鯛魚滋味最重要的關鍵——脂肪，就會隨之減少。鯛魚魚身會水腫，讓賣相看來碩大可觀，但品質上卻變成了一條難吃的魚，並就此結束一生。

不過，當中也有美味程度無與倫比的例外，因此不能一概而論，但大致就是這麼一回事，別因為是活鯛就不顧一切地下手。就季節來看，鯛魚在

譯註｜3｜捕撈後就放進冰塊中，任其自然死亡。

三、四、五月左右的品質最佳。我以往曾在五月時到韓國旅遊，沿著木浦到馬山的海岸，走了一段很長的距離，沿途多次品嘗到比明石[4]鯛魚更鮮美的鯛魚；也曾於四、五月時，在平常鯛魚品質普遍欠佳的加賀山代[5]到金澤一帶，嘗到好幾次不同於平常的鮮美鯛魚，據說是來自對馬[6]、隱歧[7]附近。而四、五月時的明石鯛魚（在瀨戶內海的鞆之浦一帶捕撈而來），質精味美，自不待言，大小約莫是四、五百錢。更大的鯛魚，品嘗不到鯛魚的細膩風味，對嗜吃美食的饕客來說是不及格的，只能用來慶賀政府官員榮任要職。體型小的鯛魚，其實優點更多。用手指按壓鯛魚背部，若肉質軟Q，則不宜用來製作生魚片；如橡皮球般有彈性者，才適合生食。

太瘦的魚不宜選用，因為瘦就表示魚的發育不良。眼睛和魚鱗顏色缺乏光澤者，當然不能入菜。腹部浮腫者，則有多種可能。——或許是腹中抱卵，導致腹部鼓脹，也可能是腹中還有餌料，否則就是腹中有空氣，使得腹部膨脹凸起。

因腹中抱卵而鼓脹的鯛魚，固然是良質食材，但其他兩種情況的浮

譯註｜4｜明石位於兵庫縣南部，面對明石海峽。明石鯛魚素有日本最佳鯛魚的美譽。

譯註｜5｜石川縣加賀市的山代溫泉。

譯註｜6｜位於長崎縣外海的對馬海峽上，與韓國相望。

譯註｜7｜位於島根縣外海。

腫，就要特別留意。鯛魚和其他魚種一樣，購買分切好的魚片，處理上確實比較省事；若要選購整尾，就需要具備上述這些辨識能力。

魚卵在成熟前半個月最美味。魚卵成熟，且部分已產卵到海草上的魚，卵巢中的魚卵之間會有空隙，吃起來味道也欠佳。「白子」是雄魚的精囊，通常不如魚卵受人喜愛，但嗜吃美食的老饕，卻都異口同聲地大讚美味。至於河豚的白子，更是人人都會高呼「舉世無雙」的極品。

料理也是一種創作

北大路魯山人｜きたおおじ　ろさんじん

味覺過人者是由老天送到世間，而老天可說是向來都很吝嗇的。就我有限的經驗而言，當我試著從自己所認識的眾多廚師當中，列舉出擁有這種天賦特質的人，例如新富壽司的老闆、丸梅的老闆娘、例如他、例如她……一口氣恐怕說不出十個人。

不管是餐廳的菜餚，還是家常的餐點，烹調得好吃與否的關鍵，在於烹調者舌頭的功力高下。

「這家夫人親手做的菜，比外面的一般餐廳好吃多了。」這類消息在你我身邊應該都時有所聞。這句話代表了這位太太的味覺，比一般餐廳的廚師還要敏銳，而且非常可靠。

然而，舌頭這個味覺器官，每人都只有一個。因此，擁有敏銳的舌頭，可說是一種天幸，一種天爵，一種天恩。

可是，天生味覺敏銳過人者，畢竟不多見。味覺過人者是由老天送到世間，而老天可說是向來都很吝嗇的。就我有限的經驗而言，當我試著從自己所認識的眾多廚師當中，列舉出擁有這種天賦特質的人，例如新富壽司的老闆、丸梅的老闆娘、例如他、例如她……一口氣恐怕說不出十個人。相反地，我卻在愛好烹飪的太太、女服務生，或是不怎麼有名的饕客等非專業人士當中，看過不少擁有好舌頭的人。

子曰：「人莫不飲食也，鮮能知味也。」所言甚是。

常有人說：「最近東京〇〇餐廳的菜，味道變得一點都不好吃了」，或是「京都〇〇餐館的菜，水準已大不如前」等等。這些說法絕不嚴謹，不，應該說是破綻百出。料理也是人類所從事的一種個人創作，絕不是在一般人家，或是在哪個招牌的哪家店，甚至是在櫃台就可以隨便做得來的工作，更不是單純的買賣。當創作者悄悄地換了人，作品當然就會隨之改變。

創作是僅限當事人一世一代的事。一手打造東京〇〇餐廳、京都〇〇餐館的，個個都是享譽於世的聞人名廚，所以當然都是世上少有的天才，無庸置疑。再加上這些人在茶道方面，能確實地掌握箇中精髓，並妥切地運用到廚藝之道上。而廚藝之道的第一要義——貫徹對味覺的講究與整頓，它在本質上就是一種創作，所以絕對無法完完整整地傳授給他人。

因此，我要再三提醒自己銘記：料理亦是一種創作，當作者換了人，作品也會隨之改變。

日本料理的要點——寫給新進廚師

北大路魯山人｜きたおおじ　ろさんじん

即使是烤一片海苔，磨一口白蘿蔔泥，都會衍生出天然原味的死活問題。就連早餐的配菜——味噌湯、納豆，都有其攸關生死的拿捏。一日三餐吃的飯如何炊煮，箇中的拿捏巧拙，有時甚至會讓一級米淪為三級米，三級米嘗起來像一級米。

善用原本的滋味

星岡茶寮要增聘廚師，還特地跑到京都來找人，不只是因為茶寮的幹部都是京都人，更因為日本料理是以京都為其源流，逐漸發展而成的料理形式。京都這片土地，可說是日本料理界的正宗當家。

如今，隨著時勢的變化，一些讓人不樂見的風潮也傳入了京都，使得京都原有的雅風美俗、精緻物產，都開始逐漸式微。不過，觀察京都的家常菜，會發現至今還是或多或少，保留了一些令人緬懷昔日的、追求極致的、頗能掌握料理真正精髓的元素，如歷史長河綿延不絕。這些僅存的歷史延續當中，值得我們學習的學問，可是一點也不少。要找真正的料理、合理的料理、不勉強的料理、不浪費的料理、優美的料理，全日本已無任何地方可與昔日京都匹敵。

然而，另一方面，我們再看看京都餐館的菜色，或廚師所烹調的料理。前些時候，也請各位都展露了一下自己的手藝。看了各位呈現的成果，我感到遺憾不已。不論是在烹調的技術上，或是在為菜餚畫龍點睛的調味上，都極不到位。這竟然是出自昔日曾在京都一流餐館擔任要職的各位手下，我很不能接受。然而，事實是不容扭曲的。因此，我不禁心想：堂堂京都的料理，曾幾何時也開始朝末路狂奔，準備踏上旁門左道了。

家常菜比較隨興，所以會自然而然地發展出自己的一套做法，較少偏離家常菜原有的宗旨；餐館的菜色，要看社會風尚、看人的臉色，瞻前顧後，躊躇不前，使掌勺者失去了手邊最重要的「自我」，更在不知不覺間，把料理搞成了不合正道的東西，最後甚至成了莫名其妙的怪料理。

原來，各位對於「在餐館裡做菜」這件事，有很嚴重的誤解。各位往往烹調出了一些扼殺食材特質的菜餚，為它們改頭換面，調整顏色，變換味道，讓外行人在乍看初嘗之間，很難知道是用什麼材料製作出來的，各位卻還因此而得意洋洋。這絕對是要不得的行為，必須完全根除。烹飪最根本的真諦，在於不扼殺食材原有的、本質上的滋味。這是料理的首要條件，不論烹煮的是海鮮、蔬菜、乾貨，任何食材都一樣。

聽了我的這番說詞，或許各位會這樣說：「人們將豆子的外型改頭換面，做出了『豆腐』這項無與倫比的料理。這又該這麼解釋？」它們是在變換食材本質的料理當中，少數例外的成功案例。就烹飪的通論而言，其實最妥善的做法，應該是要將豆腐排除在這項討論的範圍之外。說到豆腐，偶爾有人會把豆腐再加以變化，做出號稱是「豆腐百珍」之類的菜色，讓人很難吃出它究竟是不是豆腐。我認為像這種料理，就該說是再三勉強之下所做出來的菜色，吃起來嘗不到豆腐的美味，看起來也覺得莫名其妙，只不過是要讓人體驗一種幼稚的嘗鮮樂趣，藉以贏得「真想不到這是豆腐做的！」這句沒有意義的驚嘆罷了。

沒有真正領會廚藝精髓的廚師，常會做出這種搞錯中心思想的的劣質菜色。而且功夫還沒學到家，就以內行人自居，還真是令人不敢恭維。若想品嘗到豆腐的美味，深諳烹飪之道者，就應該要知道妥善運用食材的最佳方法為何，例如湯豆腐、烤豆腐、炸豆腐等。同時，廚師還應該要做到食材的把關。如果不懂這些道理，或連這點智慧都沒有，是吃不起廚師這行飯的。

簡而言之，料理的根本在於食材。換句話說，烹調的關鍵，在於掌勺者要知道魚、菜、肉等各種食材，多半不應恣意改變它們原有的滋味。西餐和中菜必定也是如此，而日本料理因為烹調手法和食材的關係，烹煮時必須更加嚴謹地顧慮這項原則。

在西餐和中菜裡，不少食材原本其實是沒有什麼滋味的，因此在烹調時，要廣泛運用各種提鮮增味的材料來調味，可說是擅於利用調和滋味來做菜。而日本料理因為有豐富的美味食材，若要提鮮增味，多半只要有柴魚這一味就足矣。儘管在京阪一帶還會使用昆布，但日本料理中的提鮮增味，其實就是這麼簡單。

就大多數的料理而言，當我們談到食材的滋味好壞時，應該很難有什麼味道能比天然滋味更可口。不論是白蘿蔔的滋味，豆類的味道，一條沙丁魚的味道，或是半塊鮪魚的滋味，都是無法人工複製的。

對料理知之甚詳的工學博士櫻井先生，年紀已有七十多歲。他以往曾在文藝春秋社所主辦的食物座談會上，彷彿很睥睨似地感嘆了一番，對我們說：「日本幾可說是沒發明出任何調味料或提鮮增味材之類的東西。」然而，這並不是因為日本的文明發展落於人後，更不是日本的科學無能。一個國家的提鮮增味材或調味料種類不多，代表它的食材夠美味。而櫻井博士歌頌西餐有著豐富的調味料和提鮮增味材，正好清楚地呈現出西方的食材品質粗糙，食材本身欠缺獨特風味的事實。

我雖未親眼確認，僅止於個人推測，但我認為，即使是「味精」正宗——鈴木先生[1]的家裡，應該還是少不了柴魚，而且平常都在使用。我不厭其煩地說明這些，就是想向各位強調：任何人工的味道，都比不上天然的滋味。

由此看來，凡有志鑽研烹飪者，都應更加珍惜天然的滋味。首先要把這件事好好地銘記在心。接著，有心精進廚藝者，還要隨時念茲在茲，思考如何運用這些天然原味，才能讓它們發揮得更淋漓盡致。

譯註｜1｜於1909年成功量產味精的鈴木三郎助。

即使是烤一片海苔，磨一口白蘿蔔泥，都會衍生出天然原味的死活問題。就連早餐的配菜——味噌湯、納豆，都有其攸關生死的拿捏。一日三餐吃的飯如何炊煮，箇中的拿捏巧拙，有時甚至會讓一級米淪為三級米，三級米嘗起來像一級米。

算不上是順帶一提，不過既然談到米，我就想到「現在的廚師當中，究竟還有沒有人能完全炊煮出米飯的美味？」這個問題。我也是對此大感憂心的其中一人。現在到底還有沒有人明白，米飯其實是日本料理中最重要的料理之一？就我個人的感受而言，坦白說我認為米飯是整套料理當中極為重要的一道餐點。況且在餐宴等場合，它是要負責讓饕客無話可說的最後壓軸，如果端出了不夠完美的飯，投注在前面那些餐點上的用心，也都將付諸流水。事實上，米飯的美味與否，的確對整套餐點的好壞有著舉足輕重的影響，但假設有人敢試著問問一流廚師「會不會煮飯？」廚師們應該會毫不遲疑地就說：「不會。」這是由於他們並不認為米飯也是一道餐點所致。因此，他們不僅連做夢也沒想到「不會煮飯」這件事，會是廚師的恥辱，反而還認為如果有廚師要負責煮飯，那才是廚師的奇恥大辱。

這樣的現象，就在現代真實上演。因此我不得不說，當代的日本料理廚師，都有一些錯得離譜的烹飪觀念。原來時下的日本料理，所有真功夫幾乎都已蕩然無存，疆土日漸萎縮，容許鄙俗的中菜橫行跋扈，任憑西餐攻城略地，而剩下的日本料理，不是掛著粗繩門簾[2]賣粗劣餐點，就是用頂級材料做些留有少許貴族餐點風情的菜色，還有部分家常菜撐起局面，才不致完全絕跡。

有句俗話說：「用餐不吃飯，事後就遭殃。」可見日本人對米飯的熱愛。然而，時下的日本料理，卻讓日本人感到心灰意冷。其中大部分的原因，都要歸咎於日本料理廚師的無知無能。他們也應該要同時考量到顧客的立場，用心體會、並確實掌握顧客的想法，還要充分了解顧客的心態也存有許多矛盾，更須明白自己身為廚師，立場上就是必須容許這些矛盾。

各位在從事烹調工作時，若不特別留意這一點，將來就算在廚藝之道上鑽研精進百年，恐怕終究還是難以贏得名廚美譽。這些事聽起來簡單，

譯註｜2｜「粗繩門簾」為廉價餐館的代名詞。

好像任何人都做得到，但事實上，料理這種東西，不容片刻分神鬆懈、駑鈍愚昧。

料理也能見人品

來到餐廳吃飯，總有些嗜吃美食、享佳餚的人，也就是那些以宴飲享樂為用餐目的的客人大聊飲食經，當中還不時會出現一些連廚師或餐館老闆都意想不到的至理名言，令人大力點頭稱是；可是另一方面，有些言之有理的高見，其實根本派不上用場。

此外，更離譜的是，有時他們還會說些矛盾至極、信口開河的謬論。所謂的饕客，並不見得人人都是餐飲大師，因此他們所說的話，也不能全都奉為圭臬。這個道理，我在前面已偷偷暗示過了，再舉實際的例子來看，例如有位明辨事理的饕客，就曾說過這麼一句至理名言：「不管是海鮮或蔬菜，唯有在自然、天然生長的季節裡取得的食材，才是好東西。」只要是稍有品嘗經驗者，這樣的論調，不論是誰聽了都會拍案叫絕、茅塞頓開，從此就懂得一輩子尊重當令物產的香氣。

因此，我們總會看到懂得時令物產天然香氣的人，有一、兩次逮到餐廳，尤其是頂級餐館，用非當季的商品來謊稱為當令食材，他們必定會拿這一點來質問店家，訕笑、同情餐館的無知。但結果其實只是嘗起來毫不帶香氣的蔬菜，例如三月時節的茄子、南瓜等罷了。這樣做看似很有道理，讓人毫無出言反駁的餘地，但如果大家都傻傻地信奉這樣的至理名言，那麼餐館也好、廚師也罷，說不定都要沒飯吃了。這位饕客所說的話確實言之有理，但把它實際拿來運用時，就會出現矛盾。說也奇怪，這樣的說詞，總無法讓我接受。此時，我們必須要考慮到一件事，那就是人類不能凡事都只講理。

我們不妨可以做個實驗。在秋意正濃、松茸盛產，香氣達到頂峰之際，姑且先不論三流餐館如何，假設在一流、二流的餐館裡，廚師得意洋洋地用了這些最當令的食材，效果絕不會好到真能如願討到顧客的歡心。越是三句話不離「當季、當令」的人，到了某些食材的盛產季節，越是會早、中、晚三餐都接連吃下當季的食材，於是很快就吃膩了。再怎麼充滿當令芳香的食材，一天早、中、晚三餐連著吃下來，難得的可口珍饈，也會讓人食不知味。

此外，中流以上的消費者，平時想吃到哪些當季食材，或多或少會因為他人饋贈，或自己購買，而在日常生活的餐桌上一飽口福；而上流消費者家中，更有不少人是本來就有吃不完的、或多到不知怎麼處理的松茸、香魚、時令鮮果等，每個季節都要碰上不同的禮物災難，為處置這些當令食材而傷神。況且，松茸香氣討喜的季節，也正是它們價格最便宜的時節。倘若今年秋天，一、二流的餐館只顧著端出昂貴高級的菜色，死守著「當季盛產」的理論，忘了該考量適度與否，把自己的舉措，用極其單純的論調去解釋，那麼這家餐館，無疑是在經營上踏出了錯誤的第一步。對照我個人的經驗，已可印證這是昭然若揭的事實。

那麼，餐館裡的菜色，是否就能忽視純講理論的說法呢？我們絕不可妄下這樣的結論。不，其實更該要崇尚純理論。單就料理本身來思考時，要重視「合理」。如果忘了考慮「合理」與否，那麼料理便可說是無法成立。然而，實際上餐館理的菜色，就像昔日名僧良寬和尚曾斥責、否定過的，根本極其不合理。這些菜色全都建立在勉強、無意義的基礎上，令人深感遺憾。

原因之一在於餐館順從了顧客對宴客菜的賣相要求，不當的指示造成餐館菜色水準低落。此外，從另一方面來看，這些現象都是因為以往幾乎所有廚師都無知、無能、缺乏修養所致。

要是我用這樣的論述方式，天南地北地探討各種議題，恐怕各位新進同仁來到星岡茶寮，站在內場裡，會不知該如何應對虛實，只能裹足不前。在此，各位須體認到料理實為至難之事。先前我曾說過：以膚淺隨便的心態，很難把料裡做好——我想表達的，其實就是這個意思。既往存在日本料理界的謬誤，包括廚師稍有一點淺薄的知識，或略具井底之蛙的概念，就恬不知恥、志得意滿地炫耀低級的技巧等等，用無自覺、無反省的料理，建構出日本料理的世界。我們必須早日讓這些廚師從以往的錯誤中大澈大悟，給他們一記痛擊，並培養他們的見識。

仔細回想，人的生活總是伴隨著虛和實，難以擺脫它們的糾纏。再者，料理也必須觸及虛實之間的精髓，這一點應該已經毋須贅述。因此，廚藝的高明與否，最終還是會回歸到學問、修養的問題上。只不過，我們所能做的，唯有不斷努力，磨練自我一途。

然而，磨練自我的這個問題固然重要，但不論是各位或是在下我，都無法在短暫的磨練之後，便迅速地臻於化境，因此，只要各位先了解它並非一蹴可幾即可。只要有心磨練精進，假以時日學成之後，在人格、智慧方面，也會隨之紮穩根基。

那麼，廚師們為什麼可以把烹飪變得如此不堪、如此不合理？身為專業人士，為何膽敢一再做出那些令人訕笑的行為？我剛才說這是出自於廚師的無知，但並未說明為何來自無知。誠如各位所察覺到的，傳統的廚師都極度缺乏修養，而這才是根本的問題。別說是閱讀，這些廚師連對世間的事物，都知道得太少了。

為世上各種階級的人烹調餐點的，就是這些不懂世事、胸無點墨的人。所以，魯莽已開始在此蘊釀，矛盾也已然成形。廚師烹調的餐點，吃的人上至達官貴人，下至勞工百姓。勞工百姓想要的口味，相對比較單純，因此沒有太大問題，畢竟廚師的生活，和勞工百姓的生活水準不致於有太大差異，基本上不會太離譜；但若達官、貴人，和一介廚師的生活、思維落差太大，因此廚師終究還是很難體會高端消費者的興趣、嗜好。

然而，不知是幸或不幸，高端消費者大多不擅下廚，對烹飪其實頗為無知，所以開口要求的個人喜好，僅止於一些幼稚的請求，廚師還算是勉可矇混過關。不過，當頭腦聰明、財力充沛的知性消費者，搞懂了料理的箇中學問，學會了料理的相關知識，步步進逼你我時，廚師可就不能像現在這樣高枕無憂了。

既不聰明，也沒智慧，又缺修養，更無才華——這樣的廚師，今日能靠烹飪賺得溫飽，簡而言之，就是因為那些聰明人無暇親自下廚的一種僥倖。不幼稚的人嘴裡，吃的竟是幼稚者烹煮的餐點。想到這裡，各位是否也因為一股破壞主客協調的魯莽，而不禁感到羞恥呢？因此，像已故的井上馨[3]侯爵那樣，對興趣、嗜好都精通到無懈可擊的老饕，甚至自己還通曉烹飪的人，當然無法將餐點假手他人。

井上侯爵平常就親執菜刀切剁，親自斟酌口味，再將菜餚盛裝到貴重的著名餐盤上。看在不懂內情的人眼中，可能會覺得他特立獨行，嗜好古怪；但看在熟悉內情的人眼中，會覺得這一切都是再自然不過的理所當然之事。這些舉動，說明了井上侯爵講究生活，就連興趣、嗜好，也都努力追求極致。但同時我們也不得不說，這個故事更表示他尋遍天下，都沒能找到符合自己飲膳實力、口味喜好的廚師，也是事實。

既然如此，那麼要滿足那些在興趣、嗜好領域追求卓越的王公貴族，即使廚師不具備一流的教育或學問水準，至少在餐點品質上，一定要請出才華已達王公貴族級的人掌勺，否則無法撼動真正王公貴族級的人物。我的這套理論，應該也是成立的吧。

譯註｜3｜井上馨（1836-1915）於年少時曾偷渡到英國留學，返日後主張開國論，並於明治時期歷任大藏大臣、內務大臣、外務大臣等中央政府要職，與企業界關係也相當深厚。

接著，我們還要再繼續談談人的問題。古人曾明白指陳「文如其人」，此話我毫不遲疑地表示同感。而在烹飪方面，我更是深信菜如其人。菜餚的好壞，往往容易歸結在「人」的問題上，但總之烹飪很複雜，一點也不簡單。掌勺者為了做出能滿足上、中、下層消費者不同口味的美食，當然必須對上、中、下三階段的料理知之甚詳，除此之外，要與上、中、下層消費者對峙，更必須熟記烹調要訣，不能搞錯在當時當下最合適的料理方法。

其實就連在一個屋簷下，也會有老人的喜好、年輕人的口味、男生的偏好、女生的喜好、小朋友的愛與不愛……，各種要求都有。此外，這些人肚子餓的程度多寡、健康狀況、吃飯的時間和場合等，也都天差地遠。就像服裝會因四季而有各種不同變化，料理在不同季節，也有它各自不同的功用。我想再三強調的是：整天悠哉安逸，是做不出好料理的。

日本料理的基本觀念

北大路魯山人｜きたおおじ　ろさんじん

精心烹調的佳餚，如果盛裝在死的餐具上，整道菜就難起死回生。畢竟菜煮得再好，擺在詭異的容器上，就是無法讓人大呼快哉。我將餐具分為活餐具和死餐具——也就是擺上料理後，讓人感到生命力的餐具，和會殺盡盤中風景的餐具。

出門旅遊時，我總得以火車便當果腹，或吃旅館供應的餐點。那些東西實在難吃到讓我啞口無言，根本不是日本料理。要是西餐我還勉可下嚥，中菜也是。畢竟西餐或中菜的製備比較容易、單純，只要學過一回，應該人人都能輕鬆應付。然而，日本料理則不然。我找來了廚師，而且還從早到晚耳提面命地說個不停，卻還是不怎麼順利。可是，只要把日本料理烹調得夠到位，就能滿足每個日本人的喜好，因為這樣的菜色，最合我們日本人的胃口。只不過，這個「合胃口」的水準，很不容易達到。

平時我再怎麼關起門來囉嗦，廚師們總是當耳邊風，因此我想藉這個機會，讓他們好好聽我說。這樣就可以在與各位分享之餘，也讓廚師們聽聽我的想法。所以，我也是趁著這樣的機會在利用各位。

常有人問我，幾歲的孩子應該吃什麼樣的食物才好？哪些菜色最理想？這些都是極為平凡的料理話題，我不多談。我要談的是例如這個白蘿蔔和那個白蘿蔔比起來怎麼樣？這種水和那種水有何不同？這個和那個比起來孰優孰劣等等，深入幽微之事。即使是挑一片海苔，也要仔細比較、探討哪一種最合適，這才是我要談的內容。例如頂級餐館的生魚片，用的醬油也各有不同，我希望各位能懂得分辨箇中巧妙，所以才斗膽在這裡，以一個饕客的立場，談一些說是奢侈也不為過的、極致享受的食物。懇請各位先有這樣的認知，再繼續聽下去。

料理是依理料道的學問

所謂的「料理」，從字面上看來，就是依食物的道理來處置、照料，但我認為背後還有更深遠的涵義。因此，烹飪必須合理，必須符合事物該有的道理，也就是要合理地將事物處置得宜。日文「割烹」一詞，若只有分切、燉煮之意，便很難稱得上是在依食物的道理來處置、照料。所謂的料理，須凡事都依理處置，不可勉強做任何不自然的事。

真正美味的料理，是無法靠臨陣磨槍端上檯面的。掌勺之人必須衷心喜愛烹飪，還要有一個吃得出滋味好壞的舌頭，否則就做不出美味佳餚。

料理時要懂得診斷品嘗者需求

廚師不能強迫別人接受自己烹煮的菜色，要懂得細心考量對方需求，就像醫師先診治病患後再開藥一樣，料理也必須是適合品嘗者的東西。這一點需要廚師費心思量。就像醫師看患者的神色、外貌，就能診斷出病情一樣；掌勺之人也必須懂得如何找出品嘗者的喜好，並對它們的要求使命必達，不分男女老幼。例如對方肚子餓不餓？先前吃了什麼？分量和品質如何？平常的生活情況，當下的身體狀態等，都必須納入考量。若缺乏足夠的烹調經驗，恐怕很難做到這一點。

該甜的、該辣的東西，就要夠甜、夠辣才好吃——不論任何口味，都要符合人的喜好，換言之，必須是不違背道理的滋味。因此，料理不能光用眼睛看。再者，料理光是在舌尖上嘗起來美味，也是不夠的。要先讓人耳目一新，或用色要與眾不同，也就是說要從整體綜觀來看，訴諸所有感官的滿足、美味。無論是當名醫或當名廚，其實都不簡單。

原料至上——選材

如果菜餚用的食材是雞，最好選尚未太成熟、體型中等的雞隻。想品嘗到雞的真正美味，就要選這種雞。而鯛魚則要選四、五百錢大小，才最符合美味的標準。一貫目[1]或甚至一貫目以上的鯛魚，口味上吃起來就顯得粗糙。不過，將體型大的鯛魚頭整個送入鍋中蒸煮等烹調方式，雖然味道較差，但賣相還是很大器。不過要說實際味道如何，坦白說還真是不好吃。體型大的鯛魚外觀和色澤俱佳，感覺很氣派，但滋味根本不值一提。或許有些人會覺得：既然個頭小的鯛魚滋味比較好，那就專選小個頭的就好囉？長此以往，恐怕不會每次都這麼順利，畢竟世事總無法那麼簡單地稱心如意。像這些斟酌、選材，都要先懂得它的箇中學問，親身經歷它的辛苦，最後再做出適當的處置才行。

說穿了，好吃的東西，終究都是取決於素材好壞。如果素材品質低劣，那麼就算請來廚藝再高明的廚師，都於事無補。以芋艿為例，它本來就是

譯註｜1｜一貫目為 3.75 公斤。

比較脆口的薯芋類，因此不論廚師怎麼燉，就是無法完全去除這種口感；魚也是一樣，肉質缺乏油脂的魚，那還真的燉也不是、煎也不是，塗奶油抹海膽，或用其他任何方法，都無濟於事，所以慎選材料很重要。而分辨材料好壞，其實並不容易，甚至可說是相當困難，但可透過磨練專注和敏銳，讓人學會如何分辨。拿到劣質素材時，若只想混水摸魚，覺得總有辦法過關，是煮不出佳餚的。

別扼殺素材的原味

不扼殺素材的原味，是烹飪的訣竅之一。食材都有它們的獨特風味，例如小黃瓜有小黃瓜的滋味，蠶豆有蠶豆的滋味等，因此掌勺之人必須挖空心思，以免扼殺掉這些食材與生俱來的味道。光是一個芋艿，味道上就有人力無法改變的條件，因此想善加運用食材原有的滋味，就要選用新鮮的素材。例如要煮湯豆腐，就得找到好的豆腐。若非如此，光是講究醬油、佐料等，這些固然也應該講究，但充其量只是其次，豆腐的把關才是更須優先的首要任務。慎選材料，且不去扼殺食材的原味，這樣烹調出來的，就是科學或人為所做不出來的滋味，故要以此為尊。

昆布、柴魚——挑選與高湯熬製法、切削法

烹飪需要用到高湯。一般多用柴魚，尤其東京似乎不太使用昆布。我認為要熬好高湯，最好還是妥善併用這兩種材料。因此，我就得來談談用哪種昆布、哪些柴魚最妥當了。不知道為什麼，在東京似不太用昆布高湯入菜，而我希望各位最好還是要懂得區分使用柴魚和昆布高湯的適當時機。且不論是昆布或柴魚，如果只是用別人送的禮，或拿其他手邊現成的湊合，那麼煮出來的菜，味道就沒意思了。

柴魚該怎麼削？怎麼挑？拿起兩塊柴魚互敲時，發出的必須是如梆子[2]般的「鏗、鏗」聲響；若只發出「波兜、波兜」的聲音，像被蟲蛀空

譯註｜2｜以兩根一組的木條製成，在日本稱為「拍子木」，是樂器，也是古代巡更守夜時，用來發出示警聲響的道具。

的木頭，還發出帶有濕氣的味道，就不宜選用。

再者，各位家中是否有刨刀呢？如果刨刀不夠鋒利，就無法削出完整的柴魚片。刨刀不利，就代表刀片生鏽，或刀刃變鈍，使勁硬削的結果，會讓原本該有一圓價值的柴魚片，身價跌到五十錢[3]以下。那麼究竟該怎麼刨，柴魚片才能熬出好高湯呢？削好的柴魚片，要像雁皮紙[4]一樣薄，要如玻璃般帶有光澤。若達不到這樣的水準，柴魚片是熬不出好高湯的。削得不好的柴魚片，只能熬出死的高湯。要熬出活的高湯，就一定要用高檔、鋒利的刨刀。熬製高湯時，在熱水滾沸時放入柴魚片，瞬間就能熬出極美味的高湯。把柴魚片放在熱水裡煮個沒完沒了，非但煮不出好高湯，還會折損高湯的風味，也就是說不能煮成二輪高湯[5]。因此，我建議各位要用刀刃鋒利、台座平坦的刨刀。柴魚片削得薄，不僅是相當經濟的做法，亦能有效增添風味。用劣質刨刀使勁亂刨，簡直就是在殘殺柴魚，讓原本要價百錢的東西，只能發揮出五十錢的價值。我認為一般人在烹調時，應該很容易出現這樣的矛盾。

譯註｜3｜約為現今的 300 日圓，約為新台幣 84 元。1 日圓等於 100 錢。

譯註｜4｜以雁樹皮製成的紙，多用於書畫。

譯註｜5｜日文稱為「二番出汁」，就是用熬過一次高湯的材料，再拿來熬第二鍋湯，這樣的高湯即稱為二輪高湯。

在東京，連餐館都對昆布高湯不太熟悉，想必是因為東京以往沒有使用昆布的習慣所致。昆布高湯其實是很好的烹調利器，烹煮魚類菜餚時，就要用這一味。柴魚高湯和菜餚裡的魚重複，煮出來的東西就是不對勁——因為這種重複的滋味，讓人覺得吃起來很膩。用昆布來熬湯，是自古以來發源於京都地區的一種做法。誠如各位所知，日本以京都為首府的時間長達千年之久，北海道所產的昆布，在遙遠的山城京都，從實質的需要變成必要，發展出以昆布熬湯的傳統。

以昆布熬湯時，首先要用水沾濕昆布，放置三、五分鐘，讓昆布表面稍顯吸水軟潤後，再用水龍頭緩緩流出的水輕沖昆布，別把水量開得太大，也別發出聲響或讓昆布顫動，同時用指尖靈巧地清理，不急不徐地將昆布表面的沙或雜質之類的東西去除，接著再把處理過的昆布放到熱水裡，迅速地汆燙過後即可。或許各位會很驚訝地問：「這樣就煮好高湯了嗎？」其實這樣就已熬出很美味的高湯了，若您擔心是否真的煮出昆布精華，不妨稍微輕舔一口嘗嘗。如此一來，細膩的高湯就完成了。至於用量需要多少，各位只要實際操作一下，很快就能得心應手。煮鯛魚潮汁[6]等湯品時，請務必選用這種昆布高湯為基底。只把昆布放進熱水中汆燙一下就起鍋，或許有人會覺得可惜。但放在鍋中長時間熬煮，會煮出昆布深層的一種甜味，那就熬不出細膩的高湯了。京都一帶的做法稱為「引出昆布」，是從鍋子的一頭將昆布放進熱水裡，在鍋底過一下之後，就從另一頭起鍋。據說這樣熬出來的高湯，能滿足所有挑嘴的老饕，讓他們挑不出任何毛病。

好菜不能加「味精」

「味精」近來大張旗鼓地進行宣傳，但我個人始終不喜歡它的味道。只要在廚師手邊擺一些，大家出於惰性，總會過量使用，導致菜餚的味道變成一場災難。我絕不在內場廚房擺放味精，雖然它如果運用得宜，有時的確適合用來烹煮某些配菜餐點，但並不適用於高檔料理。目前，我認為所有代表高級的料理，都應避免使用「味精」。就我個人的經驗而言，「味

譯註｜6｜日本料理中的一道海鮮類清湯，調味多半只用鹽，或加少許日本酒。

精」的味道不如高檔、頂級的菜色美味，且這種菜色的味道也不能一成不變，需靠廚師自行增減昆布或柴魚來調味。

應竭力取得新鮮蔬菜

鮮蔬料理很受年長者的喜愛，此外，就健康上來說，多吃蔬菜也對身體非常有益。我在鎌倉捏陶，還闢了一小畝菜園，所以不論是白蘿蔔、芋艿或蔥，我都只吃現採的。這些現採的蔬菜，好吃到令人簡直以為是品質不同。然而摘採後只要稍微放置一段時間，味道就會差到不值一提的地步。我在東京做不到，但在鎌倉，就連宴客時，我也都會等到上菜前三、四十分鐘，才從菜園裡摘採蔬菜。

芋艿這種食材，因為從田裡挖出來之後，會經過一連串的清洗、燉煮程序，因此即使品質稍差，也都還很能入口；倘若原本品質就好，更能嘗到它們的極致美味。現在正值松茸盛產時節，不過，即使是像松茸這種珍饈，還是要趁這個時節到山上，當場現摘現採，滋味才會最好。通常京都一帶都會有人寄送大量松茸給我，但在運送途中，松茸還會繼續生長，因此送到我手上時，個頭已比寄出時又更大。這段生長是在未攝取營養的狀態下進行，所以松茸都長得很瘦癟，風味也會隨之出現變化。竹筍也有同樣的現象，寄送時僅有五寸[7]大小，送到時卻已長到六寸。這些現象，證明了蔬菜看似是活的，其實味道已步步邁向死亡。因此，想品嘗美食，就要記得吃真正活著的東西。不是鮮活的蔬菜，就品嘗不到真正的美味。

要分辨魚和蔬菜是死是活，其實魚會比較簡單，蔬菜則不容易看出來，所以我才會說蔬菜以現採現吃，或採摘後盡快食用，口味最佳。有些體型較大的鯛魚，最好先靜置一、兩天再烹調，風味更好；但蔬菜在摘採之後，會有一段非自然生長的時期，廚師要懂得一些妙方，才能妥善料理。例如蔥要把綠色部分切除，只留蔥白，否則綠色部分就會繼續生長，吸走蔥白裡的養分，應盡量避免；而白蘿蔔採收後，若不摘除莖葉，葉片就會

譯註｜7｜一寸為 3.03 公分。

持續長大，搶走白蘿蔔裡的養分，因此最好先切除莖葉，並將它們埋入米糠味噌中醃漬。

處理蔬菜時，會有一些諸如此類的小訣竅。然而，再怎麼說，最好的處理方式，還是莫過於新鮮現採、立刻烹煮。

體型大的魚和鳥禽，宜先擱置一段時間再煮；體型小的，則要趁新鮮

魚和鳥禽當中體型較大者，有些在烹煮前要先擱置一段時間，風味會變得更好。而體型偏小者——以鳥禽類而言，就是指斑點鶇、鵪鶉和麻雀等；以魚來說，就是指沙丁魚、竹莢魚等——就要新鮮現抓或現宰，滋味才夠好。

體型大者，從海裡或山間補捉到之後，有時要再放置三、五天，味道反而更可口。

活餐具，死餐具

這裡要來談談餐具。精心烹調的佳餚，如果盛裝在死的餐具上，整道菜就難起死回生。畢竟菜煮得再好，擺在詭異的容器上，就是無法讓人大呼快哉。我將餐具分為活餐具和死餐具，也就是擺上料理後，讓人感到生命力的餐具，和會殺盡盤中風景的餐具。茶人對好的餐具特別嚮往，總不惜這個向付[8]五千圓、那個什麼五百圓的買，而這也是因為它們都是活餐具的緣故。用了無趣的餐具，會讓整盤菜餚都缺乏生猛鮮活，所以請各位要牢記在心，隨時留意菜餚和餐具的一致、協調。

而挑選餐具，並不只是對餐具的要求囉嗦，必須由衷喜愛餐具，享受把玩餐具的樂趣，並小心翼翼地珍惜，才能讓餐具與菜餚之間牽起誓無二心的盟約。只要懂得賞玩餐具的樂趣，烹飪必然會變得更愉快。這兩件事相輔相成，猶如車的兩輪。

譯註｜8｜在茶懷石當中，放在飯、湯碗另一頭的生魚片，就稱為「向付」，亦可用來指盛裝它們的餐具。

追根究柢，精進廚藝最好的方法，莫過於愛上烹飪

事實上，料理這種事，必須要由喜歡的人來做，把烹飪當做一種興趣。不僅要具備如何烹調出美味料理的知識，還要懷抱著溫暖的愛來享受烹飪。因此，時時關注餐具，就能加深個人對於藝術的興趣，進而不斷追求更高格調的作品。各位只要去參觀帝展[9]，應該都會感到心情愉悅。這是因為我們對美術的要求，在帝展中得到了滿足。然而，若要追求更高的境界，那就要到博物館去了。如此一來，不僅能提升我們對餐具的美學鑑賞能力，更能在食物上呈現出這樣的美學。換言之，就是在刀工、擺盤、配色等方面，都能用心入微。追根究柢，料理終究還是必須為了喜歡而做。若抱持著「老闆愛嘮叨，只好勉強了解一下」的心態，那麼廚藝進步的空間便很有限。我期盼各位都能達到對料理衷心喜愛、興趣盎然，並樂在其中的境界。

最後，我想針對醬油再多談幾句。光用濃口醬油，似乎做不出美味佳

譯註｜9｜帝國美術展覽會的簡稱，是日本於 1919 至 1936 年間，每年舉辦的官方美術展覽盛會。

餚。其實另外還有所謂的淡口醬油，它發源於播州龍野[10]，自古以來在關西地區即廣受各界愛用。過去在東京都找不到這種調味料，近來山城屋都有陳列。事實上，少了淡口醬油，還真的煮不出好菜。它既不上色，價錢又便宜，且因鹽分高，故保存期較長，從經濟的角度看來，也相當划算，堪稱是烹調燒菜的必備良伴。

本來還想再談談刀具等項目，但由於今天時間有限，我就先簡單交待一句：請各位務必選用鋒利好切的刀具。刀具夠鋒利，切菜就會很有意思，於是各位自然就會對烹飪更有興趣了。

譯註｜10｜現為兵庫縣龍野市。

料理這場戲

北大路魯山人｜きたおおじ　ろさんじん

家常菜是的的確確出自於真心誠意的菜餚；而餐館的菜色則是美化過、形式化之後的家常菜，用華而不實的裝飾來騙人。若用比喻法來詮釋的話，家常菜就好比是餐點裡的真實人生，餐館的菜色就像是虛有其表的戲劇。

良寬[1]曾說過自己「有三種不喜歡的東西」：歌人創作的和歌、書法家的書法，以及餐館的料理。這番話說得很有道理，讓我簡直想高喊好幾次「沒錯！沒錯！」我們在日常生活中，已切身地感受到：廚師煮的菜、書法家寫的字，以及畫家畫的圖，其實都沒什麼值得稱道之處。

倘若此說為真，那麼這種現象究竟是所為何來？

良寬的話，應該是想表達廚師煮的菜、書法家寫的字等等，都是華而不實的表面功夫，沒有真材實料，所以才令人難以接受。換言之，矯揉造作的東西，他是看不上眼的。

然而，若問到「家常菜能否直接拿到餐館，當做餐館的菜色？」我個人認為不行，因為客人不會上門。家常菜和餐館菜之間，顯然有著無可弭平的差別。

那麼差別在哪裡呢？家常菜是的的確確出自於真心誠意的菜餚；而餐館的菜色則是美化過、形式化之後的家常菜，用華而不實的裝飾來騙人。若用比喻法來詮釋的話，家常菜就好比是餐點裡的真實人生，餐館的

譯註｜1｜良寬（1758-1831）是日本的曹洞宗僧侶，也是江戶時代後期著名的和歌歌人與書法家。

菜色就像是虛有其表的戲劇。

餐館的菜色不僅是一場戲，要在低水準社會裡行遍天下，它們就必須是一場戲。然而，會有人說餐館的菜色普遍不好吃，是因為這些戲大多是街頭行動劇，演戲的廚師是木頭演員，而非名角。時下許多餐館，會打著法國菜、茶餐或懷石等料理的招牌，把餐點做得很浮誇。有些人對這些菜色大加抨擊，但也有人欣賞這樣的菜色。

雖說餐館的菜色不應該端出家常菜，但顧客並不了解這個道理，所以還是會有人樂於接受。這就像是不能把現實生活中的行為，和在戲劇中演繹的舉措混為一談，兩者如出一轍。

各位不妨試想夫妻吵架的情節，在舞台上搬演時的光景。假如有一位演員，把自己在現實人生中看到的夫妻吵架、扭打，直接在舞台上原汁原味地呈現出來的話，那些吵架時的怒吼叫罵，聽起來都會變得很可笑；原本該是悲劇的場景，看起來也會很滑稽吧？因為在舞台上表演，有時需要誇大，有時也需要省略，而這些都比寫實更重要。在舞台上跑步時，如果只擺出我們平時在地面上奔跑時的動作，那就呈現不出跑動的感覺了。

從同樣的觀點出發，看待餐館裡的菜餚時，就會發現它們是把家常菜美化、形式化之後，再送到舞台上，也就是在料理世界裡上演的一場戲。只不過，演出這齣戲的演員們，個個都必須展現出名角水準的演技。我們會覺得餐館的菜色差勁，都是因為餐館廚師並非名角的緣故。

如果再把這番說法套用到書法字畫上，真正的字，其實不是那些以供人欣賞箇中巧妙為目的而寫的東西，而是日常生活中為實用所寫的書信或日記，也就是書法字中的真實人生。因此，這些字在書法的世界中，具有最純真的美學價值。然而，除非是很特立獨行的人，否則應該都不願意把這樣的書法加上掛軸，掛在壁龕欣賞；或放進裱框，擺在欄間[2]展示。在這裡，所謂的字畫，又是將這些日常所寫的書法字加以美化過、形式化之後，讓它們粉墨登場演出。書法家的字畫，就是這樣的東西。

可是，很多時候這些成為字畫的作品，和廚師一樣，都不是名角出神入化的演技詮釋。所以，這些書法字，並不會因為技巧出神入化，而成為

譯註｜2｜在日式建築中，嵌在房間和房間、或房間與廊緣之間的天花板下方，隔間門上緣的雕刻木板。

受人景仰的對象。簡而言之，不是因為它們是書法家寫的書法字，所以才說不好，而是因為那些是木頭演員演的戲，所以才令人難以接受。

然而，在我們的生活中，很多時候都必須演戲。在與世人多所往來的公領域，當然是如此；在一般認為不須演戲的私領域，你我是否真的完全不裝不演？答案是否定的。

例如父母和子女之間的關係，也是如此。一位父親在面對子女時的態度，和面對朋友時自然會有所不同。換言之，父親需要有父親的樣子，無法用最赤裸裸的一面來面對自己的子女。

如今，恐怕要到很深山裡的聚落，才能找到完全不需要演戲的社會。然而，難道因為這些戲都是演的，就要受到世人的唾棄嗎？其實並不盡然。只不過，當這些戲演得拙劣時，不管是父親對子女的教養也好，想給子女的正面影響也罷，都無法達到該有的目的。萬一為人父者演錯了戲碼，用對待朋友那一套來對待自己的子女，那更是不妥。由此可知，我們為人父母者，即使是在子女面前，都必須化身為名角。

放眼廣大社會，把這些戲演得傳神到位的人，便成了社會上的成功人士；演得拙劣蹩腳的人，即淪為衰敗的落伍者。

戲劇在你我日常生活的行住坐臥中，總是如影隨形。我認為「餐館的菜色，就是料理世界裡的一場戲」的這種想法，更必須發展到那樣的境界才行。

家常菜漫談

北大路魯山人｜きたおおじ　ろさんじん

家常菜追求的，不是宴會式的花俏妝點，而是有益健康的膳食；不是膚淺的造作，而是蘊含了真心真情的菜餚、傾注滿心關懷所做的餐點。因此我認為，這些都要是「人」做出來的料理才行。

世人對於自己身邊彌足珍貴且美味可口的東西，常沒想到該好好運用。原因似乎是由於人們無法根除一些缺乏涵養的陋習，例如把不當令的鯛魚奉為豐盛佳餚，卻冷落當季盛產的秋刀魚。

「鯛魚腐壞了還是鯛[1]」之類的說法，當做諺語來聽還算有趣，但對烹飪卻是相當有害的大敵，不能輕易聽信。

此外，我還想在此特別強調：輕信廚師手藝，認為「凡出自廚師之手一定是好菜」的觀念，未免也太不嚴謹。

探究箇中原因，在於廚師不是老饕，也並非個個都是名人，更不是人人都因為愛烹飪才掌勺，專業廚師當中，恐怕沒有所謂的味覺天才。我仔細地觀察過許多專業廚師，他們多半是平凡無奇的人，和所謂「廚藝之道」的「道」終生無緣，烹調全都是胡作非為，就算偶有神來一筆，水準也不高，不值一提。這些廚師對餐點並未負起該有的責任，也沒打開自己敏銳的五覺。

首先，他們不曾花大錢學烹飪、嘗美食。因此，他們沒有那種坐主位

譯註｜1｜日本俗諺，意指真金不怕火煉。

當大爺，以嘗山珍海味為樂的興趣，更沒有非美食不吃的矜持。

如此一來，廚師烹煮不出循規蹈矩的料理，就變得很理所當然了。請各位老爺夫人要把這一點銘記在心，別對所謂的專業廚師抱持過高的期待。

一味仰賴所謂的專業廚師，無助於料理的發展。我期盼各位都要有自己的見解，領悟廚藝之道，以免遭世人訕笑，並深入思考適合不同個別需要的營養餐點，進而透過食物贏得真正的健康。

以往吾友大村醫學博士曾說，大倉喜八郎[2]先生府上有位精通烹飪的老女傭，大倉先生本人也相當自豪，出入大倉府邸的賓客也都大讚她的手藝。我這個人愛湊熱鬧，很想試試這位女傭究竟是何等的天才，便透過大村博士的安排，受邀到大倉府邸作客用餐。

然而，結果卻讓我大失所望。因為上桌的菜色，只不過是尋常餐館會端出來的餐點罷了。席間出現了現宰鮮鯛等各種不同形式的菜餚，但總而言之，都是向那些大家常去的餐館學來，依樣畫葫蘆的。

譯註｜2｜大倉喜八郎（1837-1928），明治、大正時期的富商，曾參與帝國飯店、帝國劇場的創建，也創設了大倉商業學校（現為東京經濟大學）、札幌啤酒及大倉土木（現為大成建設）等。

既然如此，那為什麼老女傭能搏得如此的好評呢？一方面因為她是大倉先生的驕傲，再者則是賓客們對大倉先生的恭維，還有老女傭身為一介外行人，竟能模仿出名家的手藝，的確是令人佩服的佳話。

「這麼精緻的佳餚，連我內人都做不到，女傭那就更不用說了。簡直就和餐館裡端出來的菜色一模一樣。」這種程度的恭維，拉抬了那位老女傭的名聲，於是更讓坊間有了「她燒的菜很好吃」的評價。

原來是因為老女傭做到了外行人做不到的事，所以從這個角度思考，會覺得她的廚藝的確是很高明。然而世人竟滿足於這樣的程度，不思追求更精緻的美饌，難怪永遠無法領悟廚藝之道。

大倉先生引以為傲的那些餐點，只要是在一流餐館的內場有五年資歷的廚師，大概都可以做得出來，所有菜色都是虛有其表，根本沒什麼大不了。

仔細觀察，就能發現那位老女傭所做的，並不是特別匠心獨具的事，說穿了，那些餐點也並不值得由衷盛讚。

「外行老太婆」這個身分，就讓眾人給了一些寬待。請容我再贅述一次，因為大倉先生自己號稱是個老饕，所以應該經常請各大餐館的廚師到家中辦外燴。老女傭依樣畫葫蘆，就在不知不覺間學會了那些菜的烹調手法，如此而已。

這番話聽起來或許像是莫名其妙的毒舌，而我在此想表達的是：上述這種菜色的模仿，對於製作華麗的宴客菜，或許還有些幫助，但對於平時烹調家常菜的手藝，並沒有太大的關係。不僅如此，甚至還會造成弊害。

家常菜追求的，不是宴會式的花俏妝點，而是有益健康的膳食；不是膚淺的造作，而是蘊含了真心真情的菜餚、傾注滿心關懷所做的餐點。因此我認為，這些都要是「人」做出來的料理才行。

我向來都主張「料理也是一種藝術」，原因其實就在這裡。

良寬大師曾說，歌人創作的和歌、書法家的書法，以及餐館的料理，水準都不行。當廚師放下自己的刀工來做菜，書法家拋開色彩，只以墨黑一色來揮毫，回歸的地方都只有一個——作品還是會透露出人的所有價值，所以關鍵在於「人」的本質。

再換個說法。烹煮家常菜，要懂得隨時從自己身邊挑選新的素材，並且秉持真心誠意來烹調。

這個觀念，其實放諸四海皆準。舉例來說，近來市面上出現了很多南冰洋鯨魚製成的培根，有些見識不多的人，會嫌棄地說「哎呀，真臭！」「不好吃」等等。我個人從以往就深知鯨魚的滋味絕佳，開心地把這種培根加進味噌湯裡，每天喝都不膩。而且鯨魚培根約莫只要一百錢又六十圓[3]，是罕見的低價。物美價廉，近來市面上恐怕已找不到這麼好的的食材了吧？

簡而言之，很多人因為不懂食材的處理方法、烹調方式，才會入寶山空手而回，是一種莫大的損失。這也可以說是因為人們對家常菜的素養不夠，才導致的結果吧。

譯註｜3｜約為現今的日幣600圓，相當於台幣160元。

火鍋漫談

北大路魯山人｜きたおおじ　ろさんじん

東京會把火鍋稱為「寄世鍋」，京阪一帶又會稱為「樂享鍋」。為什麼叫「樂享鍋」，是因為鯛魚頭、魚板、鴨肉等各種食材紛紛映入眼簾，盛裝在大盤裡澎湃上桌，讓人不禁盤算起「要吃那個、吃這個」，歡樂地期待佳餚入口的緣故。

每到冬季，家家戶戶最受歡迎的菜式，莫過於火鍋了。因為它總能讓人吃得到現煮、現燒的美食。

吃火鍋，絕不是在吃煮過又放涼的東西。挾起那些在鍋中煮得咕嚕作響、剛起鍋的菜餚來吃，才是吃火鍋最大的享受。因此，最能讓人感受到新鮮的料理，莫過於火鍋了。自始至終，從設想菜色到煮熟品嘗，無一不是自己精心安排、斟酌的結果，因此所有元素都在鍋中鮮活呈現。食材是鮮活的，烹煮的人則繃緊了神經，還要將剛煮好的東西送進口中，所以這一連串的過程毫無冷場。正因如此，火鍋吃起來才更讓人感受到一股平凡的歡欣，可說是令人倍感親切的料理。

然而，這僅止於是食材當中包括鮮魚、鮮蔬時的情況。若下鍋煮的東西已不新鮮，就無法煮出一份真正美味的火鍋。當然這個觀念不只是在火鍋上適用，為求周全，我還是再提醒一下。

在家裡吃的火鍋，並沒有明確規定只加哪些食材。可能是前晚收到的綜合拼盤，或是家中囤積的腐皮、烤麩、蒟蒻，或甚至加入豆腐等，可有各種獨創的想法，隨個人喜好調整烹煮。東京會把火鍋稱為「寄世鍋」，京阪一帶又會稱為「樂享鍋」。為什麼叫「樂享鍋」，是因為鯛魚頭、魚板、鴨肉等各種食材紛紛映入眼簾，盛裝在大盤裡澎湃上桌，讓人不禁盤算起「要吃那個、吃這個」，歡樂地期待佳餚入口的緣故。

「樂享鍋」這個名稱，其實很符合這種菜式的概念；而「寄世鍋」就顯得太過簡略，不是個讓人很有好感的名稱。前面也提過，「火鍋」裡會放很多種食材，而這些食材的擺放，也是一門要下很多功夫的學問。如果不願多花心思，隨便擺放，看起來就像極了垃圾殘渣湊在一起。

關東地區的擺盤習慣，是把火鍋食材鋪平攤開。對此，我並不覺得特別高明。像河豚之類的食材，的確非得鋪排在大盤子上，但那些畢竟是特例。火鍋的食材，要用深缽擺滿一整盆才好。至於食材內容，剛才也提過，任何材料都可以拿來煮火鍋，唯獨貝類我不敢苟同。少量倒還無傷大雅，量一多，火鍋的口味往往就會變差。追根究柢，貝類會破壞火鍋的湯頭，甚至影響其他食材的滋味，因此不宜下鍋。

此外，貝類和魚、肉的調性也不合。外國菜色在燉菜、咖哩、濃湯當中頗常使用貝類，但搭配起來大多不甚協調。會使用貝類入菜，可能是因為國外魚、貝都少，是很珍稀的食材。但搭配使用之後，結果多半是毀了一鍋好菜。

相反地，在日本因為很容易取得豐富的貝類，運用上顯得相當粗糙隨便。使用大量貝類入菜，整道菜會變得口味太重，很難算是美味佳餚。所以貝類還是盡量避免和其他食材一起下鍋烹煮為宜。

再來談談湯頭。湯頭的喜好因人而異，甚至也有人特別偏愛清爽口味。口味清爽的湯頭，大多適合下酒的食客享用，對以用餐吃飯為主的人而言，或許會顯得口味偏重。而「寄世鍋」因為口味能依個人喜好自由調整，是最適合用來解決這種問題的菜色。

火鍋醬料要預先調製足量，這一點很重要。如果無法讓醬料自始至終都維持同樣的口味，每次下鍋的材料一換，就在鍋裡加糖、倒醬油、摻水，味道會一下子甜、一下子鹹，一下子又太淡，口味參差不齊，這樣吃火鍋，層次就低了。還有，若是由好幾個人輪流掌勺打點，最後一定會淪為這種下場。其實就連從頭到尾都由同一人掌勺，口味濃但都不見得能夠分毫不差，因此醬料一定要預先準備好該份餐點需要的用量。醬料口味固然不宜太重，但我想這個就依各家家傳滋味調製即可。我想各位應該都知道，調製醬料要用適量的砂糖、醬油、酒來混和調配，尤其最好多加一些酒，而且以熱過再放涼的日本酒為宜。這樣的酒不含酒精成分，適合入菜，也並非拿來買醉，故宜選用熱過放涼的日本酒，最好能豪邁地大量加入極高檔的酒。

火鍋的食材多以魚為主，因此昆布湯頭會比柴魚片更合適。而火鍋由於是現做、現煮，集新鮮於一鍋，才會如此大受歡迎。關東煮餐館會流行，有一部分原因也在這裡，絕不是因為菜色講究才走紅。能讓廉價料理關東煮變身可口佳餚的關鍵，就在於大家都會耐心等待現煮起鍋，並立即品嘗的緣故。食物本身其實完全不是什麼珍饈美食，只是因為大家都吃那些快讓人燙傷舌頭的現煮關東煮，所以才會對它讚不絕口，實際上就是一些粗糙的食物罷了。

就連粗糙的關東煮，都能因為現煮現吃而滿足我們的味覺，那麼堪稱座敷關東煮的火鍋，一定更能帶給我們極大的滿足。關東煮和天婦羅，我都有在立食餐館品嘗的經驗，大致知道它們現煮現吃是什麼滋味。然而，我所想像的火鍋，是遠比這些立食更高級的菜色。而它的呈現方式，各位可以發揮創意，以獨創的方式進行。

火鍋這道家常料理，很適合找幾個不拘小節的親朋好友，在大家像家人般和樂融融、熱鬧歡聚的時刻享用。

接下來，且讓我再談談烹調和品嘗的要點。假設火鍋裡要煮鯛魚，若是三、五人享用，那麼鯛魚就只要先煮這些人一輪要吃的分量即可，煮到熟透之後，就將鯛魚全部撈起鍋。接著再放入蔬菜。前面煮的鯛魚頭，很能釋放鮮味，可讓高湯分量大增；相反的，蔬菜則是會吸收高湯。煮火鍋時，要仔細留意諸如此類的材料特性，讓能釋放鮮味的食材，和會吸收高湯的食材輪流下鍋熬煮。每一輪吃完過後，還要將鍋中食材清理乾淨，讓整個用餐過程從頭到尾，每一口都能吃到新鮮。火鍋在吃法上，也必須多用諸如此類的巧思。

我認為火鍋就連食材擺盤這件事，都和插花完全相同。所謂的插花，是要把自然的草和樹，用自然的方式呈現，因此插花者要運用許多慧心巧思；而料理也是運用自然、天然的素材，帶給人類更多味覺上的滿足。不僅如此，我甚至主張，還應該展現美感，讓人在視覺上也賞心悅目。這種在料理過程中的費心思量，和插花毫無二致。

一般家庭通常都是在特別的時刻，才會儀式性地大肆裝飾，平常對事物的處理都很隨便。我個人對這種歪風頗不以為然。要過有美感的生活，只在特別的時刻用心是不夠的。不論何時、處理什麼東西，都不能忽略自己是在創造美感。

目前我在思考的，是日常生活的美化，也就是如何讓每天吃的家常菜展現美感。除了要用心選材之外，還要從備料時的擺盤就開始處處留意，挖空心思設想如何盡善盡美。光是一個火鍋食材擺盤的用心與否，就能讓整份餐點看起來像拼湊殘渣，也可以讓它看起來藝術品般充滿美感，令人賞心悅目，兩者天差地遠。

有心講究擺盤，並讓整份餐點呈現出處理得宜的樣貌時，掌勺者內心自然就會萌生對餐具的熱情，也就是會因而開啟人們對陶器、漆器的興趣。

料理是順應食材之道的調理

北大路魯山人｜きたおおじ　ろさんじん

不懂得用心學習烹飪憲法的傢伙，的確是令人頭痛。其實不只是白蘿蔔，再舉山葵梗的例子來說吧。大家都會把山葵梗丟掉，而它的顏色翠綠，爽脆可口，口感佳，略帶辣味。若能運用得宜，就能變身成佳餚。

當年我因為高喊日本料理創新，而創立星岡[1]時，有位廚師說，只要我一進內場工作，食材的廚餘垃圾就會降到三分之一。因為只要我動手處理原本派不上用場的那些食材，丟棄的食材就會減量。至今我仍以此為傲。有一次，我進到內場，員工說要煮風呂吹白蘿蔔[2]，所以豪邁地削著蘿蔔皮。既然是削下來的皮，直接丟棄固然也是一法，放進米糠味噌裡，就能變出一道醬菜，加點巧思，還能有許多不同妙用。

有些人會說這樣是廢物利用，但白蘿蔔的外皮部分原本其實並不是廢物。說它是廢物，是烹飪外行人說的傻話。白蘿蔔外皮有它獨特的滋味和營養，因此本來就不應該削皮後再烹煮。只有需講究美觀的宴客菜，或白蘿蔔本身已不新鮮，外皮毫無價值時，才削皮烹煮。不懂這項箇中巧妙的廚師，就會不分青紅皂白地把皮全都削掉。我在鎌倉吃白蘿蔔時，都是選用從田裡新鮮現採的蘿蔔，所以當然新鮮，外皮也不必很浪費地削掉。

不懂這個道理，又缺乏教養的廚師，就算拿到了鎌倉的現採白蘿蔔，

譯註｜1｜星岡茶寮，原址現為東急凱彼德大酒店（The Capitol Hotel Tokyu）。

譯註｜2｜將切成大圓塊的白蘿蔔煮軟後，佐味噌醬品嘗。是一道日本家常菜。

也會把皮削掉。這時如果吃的人是我，就會告訴他：「不可以做這麼浪費的事。」但這個做法畢竟因人而異，要是來了個半瓶醋的客人，廚師有時也得配合客人削皮。然而，若非自始就充分了解白蘿蔔皮是何等珍貴，那就稱不上是廚師了。不懂得用心學習烹飪憲法的傢伙，的確是令人頭痛。其實不只是白蘿蔔，再舉山葵梗的例子來說吧。大家都會把山葵梗丟掉，而它的顏色翠綠，爽脆可口，口感佳，略帶辣味。若能運用得宜，就能變身成佳餚。安排當做一道著洗[3]，也能發揮它的爽脆。就算用其他再好的食材，都很難勝過山葵梗。

每當我一談起這種話題，總有些不懂事的年輕人覺得我小家子氣。其實我究竟是不是真的小家子氣，看看我的其他舉止作為就知道。而我非得做這些事不可的原因，是因為能煮的東西不煮，實在有損廚師的廚德，也關乎廚師的威信。

食材種類成千上萬，不知凡幾，樣樣都有它獨特的滋味。不論什麼食材，都有它無可替代的味道。畢竟這些滋味，還是取決於造就了天、地的

譯註｜3｜懷石料理中，安排在菜餚與菜餚之間的簡單湯品，用來清口和轉換口味。

大自然力量。若說料理就是在活用食材原本的味道，那麼妥善運用所有能用的食材，烹煮出來的東西才有資格稱為料理，掌勺者也才配稱為廚師，而這才是所謂的廚藝精神。

料理與餐具

北大路魯山人｜きたおおじ　ろさんじん

若單就咖哩飯來看，其實不管是盛裝在漂亮的盤子上，或是擺放在報紙上，其實並沒有太大的差異。儘管如此，盛裝在漂亮餐盤上的咖哩飯，總能讓人開心地吃下肚；擺放在報紙上的咖哩飯，光看就教人不寒而慄，忍不住皺起眉頭。

近來，飲食這件事廣受各方關注，飲食相關議題引起了熱烈的討論。其中尤以從營養學的角度，嚴格要求飲食搭配與分量的論述，特別風行。然而，若是孩童或病人的飲食，倒還說得過去，但對於能依個人意志，隨心所欲吃喝的一般人而言，這種討論未免也太沒有意義。

所以營養膳食這個詞彙，會被用來當做難吃餐點的代名詞，一點也不為過。在我眼中，所謂的營養膳食，根本就算不上是料理。

人類的食物和牛、馬不同，需經烹調後才食用。而所謂的烹調，當然是為了讓我們吃到更美味的食物，而從事的行為。這裡我並不打算就烹調的意義多做講解，只想強調一點：現今有許多醫師或烹飪專家等專業人士，熱烈地討論飲食，當中卻沒有任何人就飲食與餐具這個議題，提出明確的見解。

沒有餐具，料理就不能成立，這一點毋需贅述。相傳上古時代，人們就會把食物盛裝在槲樹葉上吃。而盛裝在槲樹上的這件事，已清楚地呈現了餐具的必要性。說得更淺白一點，假設咖哩飯是盛裝在報紙上端出來，恐怕不會有人想吃，原因很簡單——盛裝在報紙上的咖哩飯，看起來令人覺得實在太醜陋，甚至讓人腦中浮現不舒服的聯想。若單就咖哩飯來看，其實不管是盛裝在漂亮的盤子上，或是擺放在報紙上，其實並沒有太大的差異。儘管如此，盛裝在漂亮餐盤上的咖哩飯，總能讓人開心地吃下肚；擺放在報紙上的咖哩飯，光看就教人不寒而慄，忍不住皺起眉頭。這些反應，我想應該足以充分說明餐具在料理當中，扮演了何等重要的角色吧。

綜上所述，這種感受其實人人都有，但越是功力深厚的美食家或老饕，感受就越敏銳。越了解食物的韻味，對料理的要求就會越嚴格；對料理要求得越嚴格，就會對料理的擺盤也囉嗦起來。這也是想當然耳的道理。

然而，時下許多專家都在高談料理如何如何，卻對餐具不屑一顧。這恐怕是因為他們對料理缺乏真知灼見，或並不真正懂烹飪，原因大概不出這兩者吧？

懂得上述這番道理，就能以此為基礎，參透許多料理的真諦。就一個掌勺者的立場而言，懂得這些道理，能讓人從包括餐具在內的所有面向來思考整道菜餚，例如自己烹調的菜色想這樣擺盤，或用了這種餐具，菜就必須這樣等等，因此對美食烹飪的見識，就會變得更淵博、更深厚。

此外，我們再從別的角度來思考：有優質餐具的時代，就可說是有佳餚美食的時代、烹飪較為先進的時代。就這一層涵義而言，當代並非烹飪的先進時代，因為當代並沒有好餐具出現。

一些對美食似懂非懂的半調子，常說中菜是世界上最美味的佳餚。而對美食一竅不通的人，大多會相信這種論調，心想「原來如此」、「好像是這麼一回事」。然而，就我看來，中菜真正獨步天下的時代是明朝，而非當代，這一點只要觀察中國的餐具，便能明白。中國餐具在藝術上最發達的古染付[1]、赤繪[2]，都出現在明朝。進入清朝之後，素質已顯低落；至當代更是不值一提。的確，今日我們在品嘗中菜時，幾乎從不曾大讚精彩。

再進一步觀察餐具，大致就能從中推敲出餐點的內涵。中國餐具色彩絢爛，外觀大器；西方餐具則是只用白色的清淨主義；日本餐具則在內涵上充滿雅趣。這些特徵，不僅展現了各國料理的特色，甚至能讓人窺見整

譯註｜1｜明末由景德鎮民窯生產，專門用來出口日本的青花瓷器。相較於中國國內的青花瓷，古染付在器皿形狀、花紋等方面，都顯得更為活潑自由。

譯註｜2｜即中國的青花五彩瓷器，始於宋朝，至明朝發展到極盛期，尤以萬曆五彩對日本影響最鉅，深受茶道界喜愛。

個國家的特質。

綜上所述，不論從哪個方面來看，料理和餐具都是密不可分的，兩者之間的關係，就如夫妻般密切。光憑舌尖所感受到的滋味來論斷料理的人，是因為他們還不明白何謂真正的料理。想嘗到美味佳餚，除了料理本身之外，和料理形影不離的餐具，也要精挑細選。當然料理的好壞，還會牽涉到享用的空間、壁龕的裝飾等所有元素，但就其中關係最為密切的餐具，先仔細用心琢磨，是我們必須對時下每位料理大師寄予的第一項期待。

那麼何謂佳餚？何謂好的餐具？這些問題馬上就會隨之而來。但很遺憾的是，今日一般社會大眾尚未到達探討這些問題的境地。

餐具是料理的衣裳

北大路魯山人｜きたおおじ　ろさんじん

如果只是單純為了吃，大可像遠古時代那樣，把餐點放在樹葉上就好。然而，要把飲膳提升到更高層次的境界，就必須懂得挑選器皿。行遍天下，餐具和菜餚之間的關係永遠密不可分，兩者之間堪稱是有如夫婦。

當初我是為什麼做起了陶瓷和漆器呢？各位應該多數都知道，我開始鑽研烹飪後，就在這裡造了窯，親手製作陶瓷和漆器。

而我為什麼會對陶瓷製作如此熱中，甚至到了必須親自動手的地步呢？看在旁人眼裡，可能會覺得我是個狂熱分子，但我本人卻覺得這是很想當然爾的發展。今天就來談談我的心路歷程，以及其中的原由。

在座各位都是廚藝專家，要在各位大師面前談烹飪，我總覺得有些冒犯，今天就請各位暫且海涵。

若要我說一項烹飪的心法，我會說我認為無論烹調任何菜色，都要處處用心。例如準備一份生魚片，就要注意刀工是否俐落、搭配的襯菜挑什麼顏色或形狀等。而做這些事情，都是因為它們能為菜餚增添美感，就菜餚整體而言，這些用心，無非就是要讓料理更美味。

像這種在料理當中所崇尚的美感，就和繪畫、建築、天然的優美完全一樣。美術裡的美，與料理上所呈現的美，其實系出同宗，是相同內涵的東西。

因此，在美化料理本身的同時，各位對於自己每天精心講究的料理，究竟要盛裝在什麼樣的器皿上，也都煞費苦心。會把料理認真當做一個課題來看待的人，勢必也會同樣地把餐具當做一個課題來看待，這是個想當然爾的發展。

我會這樣說，是因為目前看來，市面上完全沒有任何值得一顧的餐具。而這是因為餐飲業者和廚師對於餐具的關注不足，才會導致市場上沒有好的餐具出現。餐飲業者和廚師是實際從事烹飪工作的人，所以也要對餐具選用負責。若能提高這個族群對於餐具的關注，那麼就算世人再怎麼不樂見，優質餐具還是會應運而生。餐飲業者和廚師對餐具的要求，要像以往的茶懷石一樣講究，不時叮嚀「我的菜餚就是想裝在這種餐具上」、「我精心烹煮的料理，要是擺在這種餐具上，那就全盤皆毀了。」這樣大家才會開始關注優質餐具，好餐具也才會自然而然地出現。打造餐具的人，更必須回應使用者的期待，打造出充滿美感的精緻餐具。

因此，想催生優質餐具，就必須由餐飲業者和廚師引領製陶業者向前邁進。使用餐具的餐飲從業人員，對餐具水準良莠不以為意，才釀成了今日餐具發展的萎靡，以及市面上不見任何優質餐具的結果。

另外，市面上偶有一些稀世名器，都是已故先賢的作品。如今，這些名器儼然已是藝術品、古董品，目前除非使用這些古董品，要不就是親手製作典雅陶器，別無他法。

我斗膽投身製陶，動機即在於此。而真正輪到自己動手做陶，才發現隨便草率，做不出優質餐具。我立刻想到，自己得多向已故先賢學習。因此，我手邊勢必要有更多值得參考的先賢名作，來當做我捏陶時的範本、參考。於是我前往朝鮮、中國，嘗試著手研究遠古的陶磁，都是為了捏陶。日積月累之下，我竟也有能力打造出這樣一座參考館[1]。從這一層涵意上來看，我的收藏和一般的蒐集不同，每個收藏都是為了直接用來當做製陶的參考範本，為了直接用在烹飪上。

這樣的講究，其實並不只適用於陶器，繪畫、書法、還有烹飪，其實也都一樣。例如拿菜刀切魚時，刀下切出來的那條線是好是壞，就能左右整

譯註｜1｜魯山人在北鎌倉佔地廣達七千坪的自宅裡，設置了一座「古陶瓷參考館」。

道菜是死是活。細膩的人來做，就會在刀鋒劃過之後，留下一道細膩的切痕；粗枝大葉的人來做，就會留下一道醜陋的線條。這並不單純只是生魚片刀鋒利與否的問題，也非刀工高明與否的結果，而是「人」的問題。簡而言之，優雅的人來切，就會劃出一道優雅的線條，讓魚呈現出優雅的姿態。

書法等藝術作品，很能清楚地反映出人品，而料理也一樣。這一點讓我吃了很多的苦頭。畢竟若沒有真材實料的修養，就算技術再怎麼純熟，都無法打造出真正卓越的作品。

總而言之，舉凡書法、繪畫、陶器、料理，到頭來呈現的其實都是作者的樣貌。不論是好是壞，作品都會反映出作者的自我。一旦有了這個念頭，任何事都會變得無法假他人之手。當我們了解了這個真相之後，恐怕做任何事都再也無法草率將就了吧。

因此，在這個窯場裡，凡是要留下我姓名的作品，所有流程我都親力親為。誠如各位所見，要動用那個大窯燒一次陶，得做很多準備工作。剛才各位看到的陶磁，全都是我親手作的。社會上有人說我很好吃懶做，其實是因為我把心力都投注在這些事情上，絕不是好吃懶做之徒。

閒話休提。我會如此致力揑陶，說穿了其實就是因為領悟了廚藝之道的博大精深，而想品嘗美味佳餚罷了。

如果只是單純為了吃，大可像遠古時代那樣，把餐點放在樹葉上就好。然而，要把飲膳提升到更高層次的境界，就必須懂得挑選器皿。行遍天下，餐具和菜餚之間的關係永遠密不可分，兩者之間堪稱是有如夫婦。實際上，自古以來就有許多這樣的典範，甚至還流傳至今。

要相守一生的妻子，人選如果是隨便阿珠阿花，有什麼對象就找來湊合，恐怕很難期待幸福美滿，終生難逃無法翻身的命運。

因此，我想特別強調：掌勺烹飪者，必須潛心學習餐具知識。如此一來，日本料理才會開始走向正宗。

實際上，許多流芳後世的餐館，例如瓢亭[2]、草鞋屋[3]、八百善[4]等，先人都是如此兢兢業業。所以看到時下還有像瓢亭這種凡事依循古法的餐館，總讓人覺得莫名舒坦快意。

譯註｜2｜位於京都的左京區，創立於1837年，曾獲米其林三星，以早粥與半熟蛋最聞名。

譯註｜3｜位於京都的東山區，創立於1624年，以鰻魚雜炊聞名。

譯註｜4｜曾在東京的上野、築地、青山、銀座、新宿等地開設店面，現店址位於鎌倉的五大堂明王院內，被譽為江戶（東京）最成功的料亭之一。

這些老字號餐館，祖先都是懂得明辨是非優劣、識見卓越之人，所以至今子孫都還能仰賴餐館招牌餬口。

就算這些名店後代子孫的廚藝與專注力衰退，也還尚且能仰賴祖先的庇蔭過活。

說穿了，其實這種仰賴祖先庇蔭的餐館，通常都維持不了太久。畢竟招牌再怎麼響亮，總有坐吃山空的一天。然而，這些祖先流芳後世的餐館，總能受到綿長的德澤庇蔭。

世人常稱中菜是世界第一，但其實中菜最登峰造極的時代是明朝，今日已非昔比。為什麼會這樣說呢？因為中國的餐具，以明朝時的作品最有美感。餐具出色，就是料理卓越精緻的證據。因此，我輩烹飪之人，若想烹調出真正的佳餚，餐具藝術是絕對不可少的元素；業者要嚴加敦促、教育陶器創作者，讓他們不斷創作出優美的餐具。

觀察時下一般廚師的發展趨勢，往往只是稍懂如何烹煮魚類，就馬上以為自己是能獨當一面的廚師，無暇顧及其他學問。對於認真鑽研廚藝之道的我們而言，已深切地感受到不能這樣沉淪下去。而想將這種風潮向上提升，更是我由衷的宿願。

以上我粗略地談了一些烹飪心法。這些概念，我認為都不是只適用於富麗堂皇的高級餐館，例如要做關東煮餐館，就要做得像樣，做得有意思、有意義。不論是在玄關的格局營造，或是店前的灑水，都應該秉持同樣的精神，勉力為之。

烹飪精神

北大路魯山人｜きたおおじ　ろさんじん

如果說衣服是女性的生命，那餐具就可說是料理的生命了。餐具除了要考量和餐點之間的門當戶對，選用高下不同等級的合適餐具之外，大小、深度、形狀、配色等，都要配合餐點，思考如何彼此協調相襯。

料理和餐具這種平凡至極的話題，我想如今已毋須我再贅述，就已是各位的日常，各位對此也多所關注，甚至也多有研究。只要滿懷興趣，用心以對，即使是如此平凡的事，也都能令人感到無比有趣。我每天都很享受這樣的樂趣，並以此為樂，也常在用餐時大感驚喜雀躍。然而，碰上拙劣的搭配時，即使美食當前，偶爾也會稍微率性而為，不肯動筷。我的講究，可說是有利也有弊吧。

既然今天在這裡要談料理和餐具，我就把自己從過去四、五十年的經驗當中得到的感想，也就是「所謂的料理大概是這麼一回事吧」的拙見，簡要地提出一些概念性的觀點，供各位參考。換言之，今天要談的並不是個別餐點的烹調方法，而是整體的綜觀。不論是誰，在什麼時候，要烹煮什麼樣的料理，了解這些總論，應該會比不懂的人，表現得更出色許多。

我個人認為，烹飪有烹飪的要訣，或也可說是烹飪的真諦。不過話雖如此，這裡所謂的要訣、真諦，其實並不獨特，而是與其他世間萬事共通的道理。不論做什麼事，馬到成功的要訣，通往成功的途徑，都只有一條。

首先要講究人的真心誠意。這件事光是嘴上說說，聽起來或許沒什麼大不了，但事實上，人不管做什麼，這份真心誠意都是不可或缺的。而在烹飪領域上，它也是最首要的一項條件。

其次需要的是聰明。這項條件說起來，或許我的表達方式不太妥當，但掌勺烹飪者，非得聰明不可。腦筋不好的人，還真的做不來。

再其次應該就是熱情和努力了吧。廚師在烹調出一道美味佳餚之前，必然會經歷許多不為人知的用心和努力。而且行動還必須相當敏捷，在指定時間內完成工作，否則即使投入再多的努力，還是有可能留下令人遺憾的結果。用心雕琢的美饌，好不容易才完成上桌，客人卻已打道回府，這當然也不行。期盼各位能把這些要訣、真諦，當做烹飪的常識，好好地牢記在心。若能對這些烹飪常識心悅誠服，頭腦就會認真思考，身體也會自己動起來，更能發揮巧思，接著掌勺人就會自然而然地具備烹飪所必備的各項條件。

若能讓我再貪心地要求一點，我會說如果不是因為喜歡而下廚，烹調出來的菜色就不會好吃。

那麼，在具備了上述所有條件，總算進入烹調餐點的階段時，請各位無論如何都要務必銘記在心的，就是對材料的把關。不管是美味佳餚，或豐盛大菜，都是以素材為其根本。因此，期盼各位能堅守「料理好壞取決於素材」這句銘言，不論是挑魚也好，選購蔬菜也罷，都要充分注意它們的好壞。所有素材都必須新鮮，這一點已毋需贅述。此外，還要選擇品質優良，也就是質地精純的食材。只要能取得這樣的優質素材，就不需再多做什麼，甚至可說是美味佳餚已於焉完成，都不為過。

劣質的素材，不管名廚大師再怎麼妙手調理，終究成不了一道好菜，只會讓人看到徒勞無功的結果。因此，不管是柴魚、昆布，或醬油、味醂，所有會用在食材上的東西，都要特別留意，精挑細選。

其次，要考量的是「斟酌」。這項「斟酌」功夫，是烹飪技術的命脈，更是廚師的本事。

斟酌燉煮軟硬、斟酌煎煮程度、斟酌鹽分、斟酌水量、斟酌火力……

斟酌的重要性不勝枚舉。一道菜的成敗，就技術層面而言，其實全都繫於這項「斟酌」功夫的巧拙。然而，要學會斟酌得恰到好處，絕非一朝一夕之事。除了累積多次實際操作的經驗之外，別無他法。一次次的下廚經驗，堪稱是學習斟酌的最佳良師。

再來要講究的是「美」的問題，也就是餐點的賣相。缺乏美學價值的餐點，稱不上是一道佳餚。對美的講究，不僅限於單人餐點，凡是料理，最好都能賞心悅目。因此，我認為掌勺之人對菜餚美觀與否，應懷抱著高度的關注。所謂的「食指大動」，是因為餐點的色彩及搭配賞心悅目，再加上撲鼻香氣所致。所以，料理要能一上桌，就讓人滿足視覺和嗅覺上的享受。

接著要重視的是餐點擺盤。一道煮好的菜能否大方妥適地擺放在餐具上，至關重要。這一點和花藝追求的精神相同，與繪畫著重的概念也相通，可說是用煮好的菜餚，在餐具上設計構圖。色彩的搭配，形狀的調和，樣樣都是美術領域的工作，對具有美感雅趣的人而言，這正是他們最感興趣的事。它和為盛裝著水果的果盆畫一幅靜物畫，有著異曲同工之妙。

再者，料理的「現煮現嘗」也很重要。換言之，就是餐點最好在烹調完成後立即享用。烹煮上菜都要敏捷——趁熱才好吃的餐點，要趁熱供應；冰涼才美味的餐點，要搶冷出餐。「讓人趁香氣最馥郁時品嘗」、「讓菜趁色彩尚未變調前上桌」，這種種的用心，到頭來都會化為呈現精湛廚藝的元素。我們會覺得座敷天婦羅[1]或立食壽司店好吃，正是「現煮現嘗最美味」的明證；而西式快餐館能深受饕客喜愛，也別無其他原因。

還有一個很重要的烹飪祕訣，是掌勺之人應牢記在心。那就是要餓著肚子做菜。廚師吃飽喝足時，味覺就會變得遲鈍，有時很難拿捏好細膩的調味。掌勺者應該了解，烹調時盡量空腹，有助於呈現出更好的烹飪成果。

烹飪概念就先談到這裡，緊接著我想談談餐具。俗語說得好：巧婦難為無米之炊。這裡我所談的烹飪，正是一門巧婦難為無米之炊的學問。倘若是在火災現場，或許不這麼嚴謹，但一般不會從鍋裡舀出餐點直接吃，

譯註｜1｜在和室裡擺矮桌，由廚師在顧客面前現炸各種天婦羅，起鍋後立即送到顧客面前，讓顧客品嘗到熱騰騰的餐點，是天婦羅餐館中歷史悠久、檔次極高的一種類型。

也不會從砧板上直接拿起食材送入口中。此時，佳餚美饌就需要以餐具為外衣，或說是當做它們的歸宿。這裡姑且就先說餐具是餐點的外衣吧！我們常說「佛要金裝，人要衣裝」，其實餐點也會因為它所搭配的衣裳，而變得可口或倒胃。想讓餐點看來大器不凡，就要為它挑選合宜適切的外衣。為料理評估合適的餐具，就某種層面上來說是既經濟、又高明的做法。以往我就對餐具的選用特別留意，但把它拿來與人的衣著相提並論，似乎又顯得太等閒視之。

如果說衣服是女性的生命，那餐具就可說是料理的生命了。餐具除了要考量和餐點之間的門當戶對，選用高下不同等級的合適餐具之外，大小、深度、形狀、配色等，都要配合餐點，思考如何彼此協調相襯。換句話說，餐具不僅是盛裝食物的容器，同時也是彰顯品味的外衣。「只要東西好吃，裝在什麼容器裡都一樣，反正容器又不能吃。」這種說詞，就像是一味強調衣服的實用性，認為它們只要能禦寒消暑就好之類的論述一樣，說穿了，都是因為缺乏理解而起的謬論。然而，在烹飪書上也沒有談餐具的章節，恐怕就有失全面了。在餐飲的演講或講習課程當中，探討餐具的時間，往往無法與料理並駕齊驅。這是一種品味的偏頗，我認為很難稱得上是完整的料理。我相信在以恰如其分、適才適所為常識的前提之下，如何精心講究餐點與餐具的安排，是很值得好好鑽研的一門學問。

換個話題。像繪畫這麼獨立的藝術形式，還是少不了裱褙、裝裱等外衣的襯托。裱褙所用的布料，也都經過無比審慎的評估。況且繪畫與料理不同，恐怕無法捨裱褙而自立。所幸，自三百多年前起，日本茶道歷經了相當完整的研究。以這些研究為基礎，再呼應時代，融入當代巧思的做法，我認為既有樂趣，在營養學上也確有效果，甚至是讓茶道變得更經濟、更精緻的一種效率化。以上簡單分享。我今天要談的內容，就以這個概念做結。

料理筆記

北大路魯山人｜きたおおじ　ろさんじん

鹽烤香魚要從頭吃起，頭部的精華相當美味，骨頭則要咀嚼後再吐掉，而內臟當然好吃。小竹筴魚要帶皮的才好吃，但若未適度以鹽和醋處理過，吃起來就會有腥味，所以壽司的小竹筴魚多半都是去過皮的。做鰻魚八幡卷的鰻魚，最好是用長得像火箸那種發育不良的鰻魚。

香魚

- 最適合品嘗的時期，是香魚剛進入捕撈漁期的鮮活香魚到七月上旬。長到像鯖魚那麼大就不好吃，抱卵前的香魚是極品美味。
- 許多地方都號稱當地是香魚產地，其實美味與否的關鍵，大致上還是要看是否趁捕撈後新鮮現吃。
- 當然要吃保留內臟的整隻香魚。送到東京來的，九成九都清掉了內臟，購買時要特別留意。
- 活香魚的生魚片，最適合做成過水生魚片[1]，一條魚可切成四片或六片。
- 去頭去鰓去內臟後，連骨切塊的分切法是其次。
- 最新鮮的香魚要鹽烤、鮮度差的做照燒。
- 香魚吃法：鹽烤香魚要從頭吃起，頭部的精華相當美味，骨頭則要咀嚼後再吐掉，而內臟當然好吃。
- 香魚粥是僅次於河豚粥的粥中之王，岐阜一帶就有這種吃法。把香魚

譯註｜1｜過水生魚片（洗い，讀音為 arai），是用來烹調鮮魚的一種手法。先將魚肉沿骨取下切薄片，並用流水或溫水洗去魚肉上的油脂和腥味後，再將魚肉浸泡在冰水裡，讓肉質緊實後，於上桌前瀝乾水分即可。口感較生魚片更彈牙。

放進粥中煮透後，一手拿魚頭，一手用筷子將魚肉刮下，再將魚骨取出丟棄即可。

- 將大量香魚拿來烤過保存時，可將烤過放涼的香魚與炙燒豆腐一同下鍋燉煮，滋味可口。

握壽司

- 握壽司是男人吃的食物，不適合婦孺食用。因為它要一口吃下才美味，用筷子分成兩半，或把鮪魚拿開分別吃，就品嘗不到壽司的美味了。
- 吃鮪魚腹肉、鐵火卷[2]等壽司時，要佐薑食用。鮪魚很適合搭配醋，但略帶腥臭，而能彌補這點缺憾的就是薑。
- 小竹筴魚要帶皮的才好吃，但若未適度以鹽和醋處理過，吃起來就會有腥味，所以壽司的小竹筴魚多半都是去過皮的。
- 以我個人的喜好而言，赤貝或赤貝唇壽司最是上乘。

譯註｜2｜一種海苔壽司卷，中間裹的是生鮪魚條。

・海苔卷壽司濕軟就不好吃了。要趁海苔乾燥、爽脆時品嘗，否則就很難吃。除了在無座的立食壽司店之外，都不應品嘗海苔卷。

・星鰻和赤貝要吃一個十五錢[3]以上的，因為這些食材本來就昂貴，要是吃了便宜貨，會吃到離譜的難吃壽司。

・蝦、煎蛋和烏賊類的食材，不值一提。那些就留給女人和小孩吃吧。

天婦羅

・喜愛天婦羅這件事，實在不值得老饕自豪。

・天婦羅首重食材。一般多用蝦，但要選天然蝦，而不是養殖蝦，也不能選個頭太大的，大的華而不實。一尾蝦宜為七、八錢，或甚至更輕。

・其次是要現炸。天婦羅即使用的食材再好，若不能現炸現吃，口味就是會差一截。

・第三要講究油品。再好的食材，都不能用劣油炸。

譯註｜3｜約為現在的 90 日圓，台幣約為 24 元。

- 油要選陳年的麻油，炸起來最對味、可口。
- 榧子油或苦茶油不可單獨用來炸天婦羅，加個三成到麻油裡，麻油的口感就會變得清爽溫和。
- 時下的東京風沾醬，吃起來甜甜鹹鹹，口味太重，影響天婦羅滋味。昔日天金[4]用的是口味淡而不甜的沾醬。
- 天婦羅沾新鮮白蘿蔔泥加醬油吃，比沾那些常見的普通沾醬更勝一籌。
- 雖然我已嘮叨地說要講究沾醬、食材、油和現炸，但還要再挑選鮮採白蘿蔔磨成泥來搭配。

蒲燒鰻魚

- 愛吃鰻魚的人，其實並不是登峰造極的老饕，畢竟鰻魚和天婦羅的滋味再好，美味程度也有限。煞有其事、歡天喜地地吃這些東西，是低層次的饕客。

譯註｜4｜1864年創立於東京的銀座。起初是路邊攤，後來由於1872年銀座發生大火，老闆闕口金太郎索性改開店面，使得天金日後發展為明治時期至第二次世界大戰期間最知名的天婦羅餐館，甚至連德川慶喜將軍都是天金的常客。

・鰻魚要趁熱吃。幾年前，我曾看過上野車站前那家山城屋的老闆怎麼吃——他是精通蒲燒鰻魚的聞人——他將四片鰻魚疊在一起，再從魚的一角開始吃起，令人嘆為觀止。

・鰻魚要吃中尺寸以下的大小，味道才好吃。

・養殖的鰻魚既難吃又有一股臭味。

・做鰻魚八幡卷的鰻魚，最好是用長得像火箸那種發育不良的鰻魚。

・蒲燒鰻魚究竟是直接將生魚放到火上燒烤的關西式做法好，還是先蒸再烤的關東式好？關西式做法雖然好吃，但口感較硬。依個人喜好處理即可，但很難面面俱到。

・鰻酒是在附蓋碗裡放入烤過的鰻魚，再淋上熱酒，蓋上碗蓋後，直接飲用即可。此時的烤鰻魚以關西式做法為宜。

・說穿了，鰻魚終究是吃飯時的配菜，成不了下酒菜。

生魚片

- 善用山葵的吃法。近來大家似乎不太喜歡吃山葵。其實只要將它佐在生魚片上，再沾醬油品嘗，山葵就能畫龍點睛。山葵加入醬油裡，會讓它的辣味消失，不過醬油的口味會變得更好。不妨將山葵視為一種最好的味精。
- 白蘿蔔泥只要不新鮮就不會好吃，所以只能用剛從田裡新鮮現摘、未經久放的白蘿蔔。
- 紅肉類的生魚片要佐白蘿蔔泥。它們油脂豐富，所以不會沾醬油吃。在蘿蔔泥上倒些醬油，讓醬油滲入蘿蔔泥後，再佐生魚片食用。鮪魚尤其需要特別留意。
- 白肉類的生魚片只佐山葵即可。
- 紅肉類的生魚片是吃飯時的配菜。
- 白肉類的生魚片適合下酒。

・生魚片的茶泡飯滋鮮味美。不僅是鯛魚茶泡飯，凡是生魚片都可以做茶泡飯，切記用偏濃的煎茶來澆淋。

雞肉

・在東京品嘗不到雞肉的美味。不過，西餐裡供應的雞肉都是嫩雞，唯獨雞腿肉還很值得一吃。

・京都、大阪的雞肉品質佳，尤其京都鳥政[5]賣的雞肉更是極品。

・在東京開心地大吃不帶皮雞肉的那些人，堪稱是完全不懂雞肉滋味的人。

・雞肉就是要吃連皮帶肉都軟嫩可口的。

・雞隻到下蛋前為止的這段期間肉質較佳。

・最近吃了覺得味道不錯的有合鴨肉及鴨肉。綠頭的合鴨和家鴨的外觀相同，難以辨識。但燉煮過就知道：皮用門牙就能輕鬆咬斷的是合鴨；咬了老半天還是硬得咬不斷的，就是綠頭家鴨。

譯註｜5｜1864年設立於京都的雞肉專賣店，銷售各品種的生鮮雞肉和雞肉加工品。現已公司化。

・夏季的秧雞比冬天好吃，野鴨應該也是夏天還在池水裡活動的好吃。

・家鴨自古就是夏天吃的食物。

牛肉店的壽喜燒

・東京牛肉店的醬汁都不好。這些店家配好的醬汁，要再加三成左右的酒，和一成左右的無添加醬油再使用。

・吃里肌肉和腰內肉時，不可兩面都煎，一定要單煎一面，表面半熟呈桃紅色時，就挾起品嘗。

・把肉和豆腐、蔥段、蒟蒻等食材一起下鍋混著煮的「窮書生吃法」，則另當別論。

・里肌和腰內肉要沾滿醬汁後再下鍋煎，而不是在鍋裡倒了醬汁再把肉放進去。

蔬菜

- 力求新鮮現採，最好是產地直送上桌。竹筍、松茸等蔬菜，在摘採後還會繼續發育，時間一久甚至可能變質。
- 摘採已久的知名蔬菜，不如沒沒無聞的新鮮蔬菜來得好。
- 別小看催熟栽培的蔬菜，催熟有催熟的美味。
- 東京的蔬菜，中看的比中吃的多。
- 不過也有像根岸生薑[6]這種名品。然而，住宅越蓋越多，所以這些蔬菜也漸漸開始走味。
- 有些蔬菜是各地特產，例如海老芋[7]是京都車站後方的九条地區特產，南瓜是鹿谷地區[8]特產，壬生菜是壬生特產，其他地方種不出來，但這些地方都開始蓋起了住宅，特產也漸漸開始走味。

譯註｜6｜近代較常提及的東京知名生薑品種是「谷中生薑」。就地緣上而言，昔日谷中生薑的產地分布於荒川區西日暮里至台東區谷中一帶，文中所提到的「根岸」，則緊鄰此區域。

譯註｜7｜一種芋艿的品種，由於外型彎曲，狀似蝦子（日文為「海老」），故稱為海老芋。它是京都三 十七種傳統蔬菜之一，但目前日本產量最多的是靜岡縣。

譯註｜8｜鹿谷南瓜是京都傳統蔬菜之一。

甲魚

- 九州的柳川、江州[9]的彥根和八幡、雲州[10]松江等地的野生甲魚，品質最優。
- 京都的大市[11]幾乎收購了市面上所有的野生甲魚，約佔整體的七成。但還是不足以支應用量，故目前還搭配使用養殖甲魚。
- 不得貪大。至多用到約莫兩百錢大小，或是兩百錢以下。
- 煮五到八分鐘左右，殼的外皮就會變軟的甲魚，才宜食用。朝鮮的養殖甲魚，多半煮三十分鐘都不會變軟。
- 吃法以京都的大市式吃法最為理想，完全不需使用昆布高湯或柴魚高湯。
- 燉甲魚時，以水加酒調成的湯底最佳。將切成大塊，還沾滿血的甲魚，放入以水八成、酒兩成，以及少許薄鹽醬油調成的湯底裡。先待湯底煮沸後，再放入甲魚燉煮，約五至八分鐘即可享用。

譯註｜9｜滋賀縣的古稱。

譯註｜10｜日本古代「出雲國」的別名，也就是現今的島根縣松江市、安來市、雲南市、出雲市一帶。

譯註｜11｜大市是一家甲魚料理專賣店，迄今已有三百三十多年的歷史，但近年因野生甲魚已非常稀少，故已改為供應養殖甲魚。

河豚

- 美食以河豚為最。其證據就是只要河豚一上桌，就吃不了其他餐點。
- 河豚生魚片的滋味無與倫比。
- 河豚肉與外皮（三河）之間的「遠江」[12]部位，比外皮更美味。
- 河豚的滋味連甲魚都無法比擬，任何美食皆比不上。
- 下關[13]河豚不具危險性。
- 河豚和菸、酒一樣，都有一種非比尋常、令人戒不掉的滋味。

譯註｜12｜即河豚的內皮。河豚的魚肉及魚皮在日文中可稱為「身皮」，音同「三河」，而古代三河國（現在的愛知縣東部）緊鄰遠江國（現在的靜岡縣西側），故將河豚內皮稱為遠江。

譯註｜13｜山口縣下關市，是河豚的著名產地。

輯二　私房食記

河豚

吉川英治｜よしかわ　えいじ

我一看，發現他的河豚用木盒及軟銲過的馬口鐵盒包裝，內外密封了三層，每層中間都還裝滿了冰塊。仔細一問之下，才知道這是他朋友從下關送來的禮品，剛剛才收到。包裝裡還很有美感地塞了山茼蒿、淺蔥和蘿蔔泥。有了這些東西，那就值得一吃了。

去年比前年多，今年比去年更多……東京每年冬天都有越來越多的河豚餐館。當街燈轉白，宣告冬天到來之際，河豚餐館的招牌，就會為老饕巷點亮幾許幽默風情。

＊

如今，仍有部分二、三級城市的縣政府明令「禁止販售河豚料理」，而東京解除禁令，據說也是近幾年的事。我第一次嘗到河豚美味，是在六、七年前，我記得應該是因為直木嗜吃河豚的緣故。當時我們一群人說要辦雜誌，便約在新橋的大竹見面。結果三上、大佛、佐佐木、直木[1]等人，遲遲不談雜誌的事，只顧著動筷吃飯、藝妓陪酒和貪杯豪飲。席間，擺在餐桌正中央的，盛裝在錦手[2]大盤上，擺盤宛如繡球花的，是與我初

譯註｜1｜三上於菟吉、大佛次郎、佐佐木茂索、直木三十五。三上、大佛、佐佐木和吉川英治，日後都成了直木三十五賞（簡稱直木賞）的第一代評審委員。

譯註｜2｜錦手是一種以白釉為底，再以紅、綠、黃、青、紫等顏色繪製圖樣的陶瓷器。

識的河豚肉。

*

當晚我雖已表明拒絕，但還是逼我喝了生平第一口魚鰭酒的，是三上於菟吉。實際嘗過之後，我發現魚鰭酒喝起來很順口。平常光是看到單杯日本酒都會暈頭轉向的我，一不小心就喝了兩、三杯，因此當晚在返家途中，我犯了類似「君子之過」的過錯，因而離家在外地住了一年。這件事絕不是於菟吉的錯，但河豚果真害人不淺。

*

食用河豚後，行動上的中毒型態或許五花八門，但食用過後三十分鐘，臉上就會長出屍斑之類的說法，我認為是絕不可信的。怕吃河豚中毒的人，應該不敢想像自己搭車在東京街頭漫遊吧？相傳頭山滿[3]老先生曾在下關的大吉或春帆樓[4]，聽說上桌的餐點是河豚，便突然起身對著餐點小便。不過，比起那個時候，現在的河豚科學已有長足的進步，吃河豚的危險性，早已不如今日的大都會高。即使如此，還是有理由選擇不吃河豚。

*

在長州的舊藩制度當中，家臣若因食用河豚而死，會被取消奉祿，並禁止再使用家名，規定非常嚴格。因此，萩或山口的藩士吃河豚，不僅是賭上個人性命，更是賭上整個家族的命脈。或許是因為這個緣故，正宗的河豚料理手法，據說就是源自於此。下關會開始被譽為河豚的發源地，是因為明治維新時期的開朝元勳——伊藤、山縣、和井上[5]等人嗜吃河豚，並曾在阿彌陀寺町[6]宣傳過家鄉特產。明治時期以後，更由

譯註｜3｜頭山滿（1855-1944）是明治時期自由民權運動的健將，後來轉為主張亞洲主義。與箱田六輔、平岡浩太郎並稱玄洋社三傑，曾陸續協助過流亡日本的孫文和蔣介石。

譯註｜4｜第一家取得日本政府核准的河豚餐館。

譯註｜5｜伊藤博文、山縣有朋和井上馨。

譯註｜6｜位於山口縣下關市。

於地理上的發展，而讓下關搏得美名。萩的河豚愛好者，至今仍以正宗發源地自居。

*

據說在出雲大社附近的旅館，餐點當中一定會出現河豚。山陰地區一帶，聽說冬天也常供應河豚餐點，但我對裏日本[7]的河豚還一無所知。有些人覺得「正河豚」這種河豚不好吃。而金澤的卯花漬[8]，要先烘再吃，很受人們喜愛。萩的櫻漬也要先烤再吃，不過若以為它的味道像河豚生魚片，那可就大錯特錯了。

曾有一年冬天，我有半個月的時間都住在別府，一到晚上，我就大啖河豚。那裡的河豚滋味絕佳，女服務生的侍餐擺盤也很精美。近年來在東京如雨後春筍般出現的那些河豚餐館，根本就無法比擬。白色的河豚肝，和山茼蒿的翠綠一起放在爐火上，煮得咕嚕作響的冬夜裡，我只想讓這些

譯註｜7｜日本本州地區臨日本海的一側。本詞彙因可能引人不悅，現已罕用。

譯註｜8｜將魚用醋醃過之後，再用甜醋調味過的豆渣來醃魚的一種烹調法。日文稱豆渣為卯花。

溫暖的美食包圍。

*

如此美味的河豚，若是搭配河豚生魚片的黃橙醋裡少了佐醬的淺蔥；或是缺了那些翠綠鮮嫩，令人嘗過之後眼睛為之一亮，大讚「這些放進河豚鍋裡煮的，才是冬季農產佳餚」的山茼蒿，我想我就不會有意願動筷了。

東京的蔬果店裡，尚且找得到這種山茼蒿，但買不到關鍵的淺蔥。忘了是什麼時候，有一次岩崎榮[9]打了電話給我，說當天晚上要送河豚過來，要我準備蔬菜等配料。我心想報社送來的河豚，簡直是麻煩到了極點，便一口回絕，但他說：「別小看我的河豚，你先瞧瞧再說吧。」於是便提了河豚到我家來。我一看，發現他的河豚用木盒及軟銲過的馬口鐵盒包裝，內外密封了三層，每層中間都還裝滿了冰塊。仔細一問之下，才知道這是他朋友從下關送來的禮品，剛剛才收到。包裝裡還很有美感地塞了山

譯註｜9｜岩崎榮（1891-1973）是日本作家，曾任職於大阪每日新聞、東京日日新聞。

茼蒿、淺蔥和蘿蔔泥。有了這些東西，那就值得一吃了。加上幾位來得正巧的訪客，五、六個人就這麼準備大快朵頤。我這才發現，包裹裡的蔬菜類不太夠，便要女傭快到蔬果店去採買。結果買到了山茼蒿，但淺蔥卻是完全不能用，看起來就像是所謂的珠蔥，既沒有淺蔥獨特的香氣，犬齒咬過細切的蔥末時，也嘗不到略帶刺激的嗆辣。

*

最令人頭痛的是，從此以後，每到冬天，晚上就會想吃河豚解饞。當街頭覆上白雪時，就想到河豚；當華燈初上之際，就開始思念河豚。嗜吃河豚成癡的人認為，像佐久間、大隈、福屋等一流河豚餐館的河豚，都處理得太過謹慎，吃完還是沒有吃到河豚的感覺。於是他們就跑去偏僻的地方，找那些賣廉價河豚的可疑小店，像是兼賣河豚的關東煮餐館等，品嘗近海捕撈來的虎河豚，而且還是滋味特別淡的。有些人甚至在吃過之後，在回程途中嘴唇痙攣，出現半中風的症狀，卻還以此為樂。

*

根據分析化學的研究，河豚的毒性主要在卵巢，魚肉和血液當中並沒有毒，而最可怕的是久經存放、不新鮮的河豚。目前雖然還沒有學者發表相關的研究，但根據大隈的老闆指出，在河豚魚鰭下方和腹部上沾附的微小寄生蟲，帶有劇毒，毒性比卵巢更強。據說在廚師同業之間，會把這種蟲俗稱為「蝴蝶」——只要把牠們放進水瓶裡，原本只有米粒大小的虫，就會變成蝴蝶般的形狀。這種蟲在正河豚和虎河豚身上都會有，但據說附著在魚鰭時，牠們就會化成魚鰭的顏色；附著於腹部時，就會變成魚肚的顏色，若不仔細觀察，很難看得出來。

《大草家料理書》[10]當中記載，河豚味噌湯最忌白花八角樹、老屋煤灰。古事類苑或其他辭典當中，也常見這段描述的轉錄。至於為什麼河豚不適合與白花八角樹或老屋煤灰相提並論，我也不明白。

據說蘇東坡當年吃的也是河豚味噌湯，而不是生魚片。江戶時代出版的烹飪書籍裡，也沒有生魚片的相關記載。大地震發生前，在人形町一代相當風行的「規仔」鍋，食材用的就是蟲紋河豚這種魚，「規仔」應該是江戶人對它的俗稱吧。江戶人又稱河豚為鐵砲，而銚子的漁民則稱它為富籤[11]。後者是取其「根本不會中（毒）」的意思。

＊

自古以來，針對河豚中毒時的處理，有很多口耳相傳的方法——讓患

譯註｜10｜日本現存最古老的烹飪書。

譯註｜11｜江戶時期的一種彩券。

者咬碎山梔花的果實後再吐掉，或喝些加了黑糖的白開水，又或是飲用大量鹽水，甚至是將樟腦加入滾水熬煮後服用等，都是松屋筆記上記載的方法。而至今在料理界仍廣為運用的方法，則是河豚搭配茄子一起吃，相傳這樣就能預防中毒。至於把人活埋到土裡就能治好河豚中毒的這種傳說，實際上只有清水次郎長[12]和相撲選手福柳[13]等人，才親身體驗過。

在下關一帶經營供餐分租套房的房東太太，據說會把魚販當天送上門兜售的河豚，傍晚在廚房裡做成涮河豚，讓房客們當場享用。但要是一般人這樣做，到時候萬一出事，被保險公司認定是自殺，也百口莫辯。

俳人青木月斗愛品嘗河豚，藝文界則有久米正雄、永井龍男、三上於菟吉，以及女演員山路文子也吃河豚，企業界據說也有不少河豚迷。而女性們則多半在初次嘗鮮時，也都能毫不畏懼地將河豚送入口中。或許是因為她們的夫君都大啖著河豚，如果她們不吃，可能會影響名節。然而，若是戰戰兢兢地吃，那麼舌頭上的細胞，恐怕很難嘗到河豚真正的美味。因此，河豚堪稱是需經過四、五次品嘗，才能領悟箇中滋味的一種食材。而

譯註｜12｜清水次郎長（1820-1893）是靜岡縣清水市人，幕府末期至明治時期的幫派分子、賭徒。

譯註｜13｜福柳伊三郎（1893-1926），因為吃了不新鮮的河豚而中毒，數小時內即昏迷、身亡。

到了這個階段，嗜吃河豚的人就會想推薦親朋好友一起品嘗，我個人也認為自己這樣很要不得。畢竟烹調手法再怎麼進步，它還是一種毒魚。在《秋里隨筆》[14]當中，也談到河豚味噌湯是備後鞆津[15]的特色菜，但在最後還是特別勸誡讀者：

「惟須侍奉父母之人，不宜食之。否則恐將被冠上不忠不孝之名，且有損人品。」

即使已嘗過再多次，一想到食用河豚「有損人品」，還是不免有些許駭人。品嘗時宜適可而止，就像私通的姦夫一樣，懂得每次淺嘗輒止，以解饞癮。聽說坐漁莊[16]主人西園寺公爵，也酷愛河豚。河豚若真能在冬夜裡，溫熱國家元老年邁虛寒的血液，那它也堪稱是一種攸關國力強弱的食材了。當河豚火鍋裡的山茼蒿已煮得由綠變紅之際，我們常愛這樣說笑：

「我等草民之所欲，就是期盼河豚沒有毒。」

譯註｜14｜江戶時代作家秋里籬島的作品。

譯註｜15｜現為廣島縣福山市的鞆港。

譯註｜16｜西園寺公望公爵於 1920 年所興建的別墅，位於靜岡縣靜岡市清水區。

◎作者簡介

吉川英治・よしかわ　えいじ

一八九二—一九六二

小說家。本名吉川英次，出生於神奈川縣。主攻歷史小說，並以改編史書聞名，與夏目漱石、司馬遼太郎等著名文豪齊名，有「日本國民作家」之稱。成為作家之前他曾做過各種粗活工作，二十二歲時吉川因為受到關東大地震的影響，而立志成為一名作家，從此踏入文壇。一九二五年，他首度以筆名吉川英治開始連載的《劍難女難》受到各方矚目，隨後發表《鳴門祕帖》確立了他在文壇的地位，代表作《宮本武藏》、《新・平家物語》等，皆廣獲大眾好評，不僅讓吉川成為家喻戶曉的作家，也為大眾文學開拓了全新領域。一九六〇年獲頒日本文化勳章。

香魚禮讚

佐藤垢石｜さとう　こうせき

沿著早川村、板橋、風祭與入生田等地往上游洄游，越往上游，河水的面貌越複雜，而且香魚個頭大、數量多。看泡湯客身穿浴衣、偕麗人垂釣，

一

把凳子移到綠樹樹蔭下，斟滿了啤酒啜飲時，要是桌上有條鹽烤香魚，感覺應該就像是涼風從充滿唾液的舌間吹起吧。清淡不膩的魚肉，為舌間召來了一陣清爽；特殊的濃郁香氣，為味覺增添了幾許陶醉。

今年我釣到了香魚。數量可觀的大批香魚，游入全國各大河川，是已睽違十數年的盛況。當釣客從魚鉤尖端，一把抓住香魚銀亮光滑的肌膚時，那股在掌中躍動的觸感，是唯有釣過的人才能體會的境界。

想當然爾，六月一日，禁捕期開放當天，激湍在藍風中激起白色的泡沫，而急流裡的岩石上，站滿了揮竿垂釣的人，人數比去年更多。

然而，想在水流湍急處，用魚媒享受真正豪邁的釣魚樂趣，將一條條八、九寸長，四、五十錢重的香魚，收進魚簍裡，就要等到六月下旬至七月，峽谷間山嵐繚繞的時節了。

釣客施展友釣[1]美技，享受釣魚之樂的日子即將到來。接下來我就針

譯註｜1｜「友釣法」是利用香魚喜好佔據地盤的習性，所研發出的一種釣魚法。

對中日本幾處較具代表性的溪流，簡單介紹這些為溪邊增添風情的垂釣光景，以及各地的香魚品質。

二

近年來，受到東京地區上水道的影響，使得多摩川清冽的水質已不復見。而關東地區最具代表性的香魚釣點，則轉到了相模川。相模川發源自富士山麓的山中湖，全長三、四十里[2]，直到在相州[3]的馬入村流入太平洋為止，溪水皆有如萬馬奔騰，在峽谷間翻騰。其中又以在甲州境內的猿橋到上野原之間，還有相州津久井境內的河段，棲息了許多體型碩大驚人的香魚。看著輕舟停在急流上，船上釣客用力拉起三間[4]釣竿的光景，是唯有在夏天才能欣賞到的勇猛英姿。

進入七月底之後，體型近一尺[5]的大香魚，也會在釣鉤所不及的溪水中層悠游。它們的肉質佳，香氣也足。

譯註｜2｜日本的 1 里約為 3.9 公里。

譯註｜3｜神奈川縣舊稱，也就是古代日本的相模國。

譯註｜4｜日本舊制單位，1 間為 1.8181 公尺

譯註｜5｜日本的 1 尺為 30.3 公分。

而多摩川的環境雖已遭到破壞，仍極受大眾歡迎。從六月開放捕撈後，每天早上天還沒亮，就有不知多少萬的東京人湧入這個釣場。況且今年全國每條河川的香魚都盛產，多摩川這條古老的河流，也出現了數量可觀的香魚。

三

奧多摩川的溪谷也很清澈。今年，這裡也因為放流了一些在江戶川及小和田灣捕撈到的香魚苗，河裡顯得熱鬧非凡。若想欣賞豪邁的友釣技法，那就要到大利根川去了。尤其上游有一段長約十里，東西兩側分別有上州[6]的赤城和榛名山腳延伸，河道縮減，河水一路奔流至高橋阿傳[7]的出生地——後閑[8]。這一段河床裡，有貨真價實的逾尺大香魚[9]棲息，要用六間長的釣竿強力拉扯纏鬥，才能釣起。接著，背部有著淡藍色肌膚，體型瘦長的香魚，應該就足以讓人品嘗到滿口鮮美風味了吧。

譯註｜6｜群馬縣舊稱。

譯註｜7｜高橋阿傳（1849-1879）是一名殺人犯，是日本史上最後一位被以斬首方式執行死刑的女犯人，有「明治毒婦」之稱。

譯註｜8｜位於群馬縣水上町的東南方，是一個緊鄰利根川的聚落。

譯註｜9｜長度超過 1 尺（30.3 公分）的大香魚，稱為「尺鮎」。

若能一睹奧利根釣聖——茂市的手采，也不失為一個值得津津樂道的題材。

發源於妙義山下的鏑川，以及裏秩父的神流川，今年也難得地有大量香魚現蹤。此外，隅田川上游——荒川的白色流水如刀刃般從奧秩父一路往下，流過武藏野。這裡今年也有大批自東京灣溯河洄游的香魚，聚集在秩父名勝——長瀞一帶，是大地震[10]後首見。翠巒峭壁覆蓋下，追逐銀白鱗光閃現的雅趣，令人想起南畫[11]題材。

四

常陸國[12]久慈川產的香魚，品質精良，連精通美食的老饕也盛讚不已。久慈川的水源區位在岩代國[13]南部，有廣大的阿武隈古生層，一點一滴地為久慈川供應好水，因此沉積在河底的物質非常純淨。而以這些沉積物為食的香魚，都長得渾圓飽滿，肉質緊實。將腳埋入清澈河水流過的碎

譯註｜10｜指的是1923年的關東大地震。在2011年發生東日本大地震之前，關東大地震是日本史上災情最嚴重的地震。

譯註｜11｜中國南宗畫派傳入日本，在江戶中期以後發展而成的繪畫流派，又稱為文人畫。

譯註｜12｜茨城縣舊稱。

譯註｜13｜福島縣西部的舊稱。

石河床裡，在河面岩礁處捕抓香魚的樂趣，無與倫比。

此外，發源於野州[14]那須的深山裡，在湊町的海門橋下與海水匯流的那珂川，今年出現了相當大量的香魚。自六月上旬起，當地民眾就在中游的長倉、野口、阿波山，以及上游的烏山、黑羽等地，盡情享受友釣的快感。此地的香魚品質雖不如久慈川，但可捕撈到的數量很可觀，因此大受釣客歡迎。此外，支流荒川裡的大香魚，外型美觀大方，連同它的滋味在內，其實都很適合向世人推薦。

五

有一條河川，水流量雖不大，但從去年起，就開始受到東京釣客們的矚目——它就是發源於有著一片藏青湖水的蘆之湖，再從翠綠的箱根奔流而下的早川。沿著早川村、板橋、風祭與入生田等地往上游洄游，越往上游，河水的面貌越複雜，而且香魚個頭大、數量多。看泡湯客身穿浴衣、

譯註｜14｜栃木縣舊稱。

偕麗人垂釣，這樣的風景，只在早川才有。

酒匂川也是個令人難以割捨的釣點。以二宮尊德[15]的故鄉——栢山村為中心，來一場垂釣巡禮，交通其實相當方便。這條河也是自大地震發生以來，今年首度出現香魚大量溯河洄游的情形，數量之多，讓沿岸的漁民們個個樂開懷。鬼柳堰[16]一帶，子魚如手術刀般閃著銀光跳躍。切斷足柄山稜線的天空上，富士山雪白的山頂露面，應該是正窺看著釣客吧？

伊豆東海岸也有許多香魚棲息的河川。舉凡伊東溫泉的松川、河津地區的河津川，以及下田的稻生澤川等，水流生態都如南國河川。

此處河流自早春時期起，河水溫度即開始變暖，因此香魚自大海洄游的時期也較早。在這些河川流域能找到的香魚餌釣，就和在溫暖的四國看到的餌釣一樣，釣線的搖曳看來都像是若有似無。

六

譯註｜15｜二宮尊德（1787-1856）是江戶時代後期的思想家及農政專家，幼時家貧卻好學，是日本推崇的勤學典範。

譯註｜16｜位於神奈川縣的酒匂川左岸，全長約 6.6 公里。

伊豆狩野川的漁夫，友釣技術出神入化。狩野川雖不是一條大河，但看釣客們拿著偏長的釣竿，巧妙地將魚媒放入水中後，立刻有魚上鉤；魚上鉤後，又再下竿垂釣的身影，令人嘆為觀止，不禁駐足欣賞。今年河水溫度較高，才二月就有大批香魚自沼津海邊洄游至此。

長岡、修善寺、月瀨、嵯峨澤、湯島等狩野川沿岸，有著一個又一個的溫泉區。天城山坳間流出的清澈水質，孕育出碩大的香魚，送上餐桌成為待客佳餚時，想必饕客一定能感受到鮮味竄入心間的暢快吧。從修善寺橋上，能俯瞰到七寸香魚在白色水花翻湧的水流底層競逐，就已是五月底了。到了六月底，香魚就會長到八寸大。

興津出名的不只有清見寺、坐漁莊和枇杷，還有興津川的香魚也是一絕。以綠斑岩為主要岩層的峻嶺——白根三山，一路往太平洋方向，延伸成綿長的山脈。興津川發源於其山頭一帶，水清如玉，水底點點散佈的礫石也很漂亮，水中沉積物質的顏色更是充滿光澤。

從山崖上的柑橘田俯瞰溪流，便可看見頭上有著渾圓小眼，楚楚動人的香魚群，嬉戲於流水間，是一幅只在夏天才能欣賞到的景致。接著，身穿簑衣的漁人現身，站在溪邊巨石上。翠綠山巒間有著灰雲低空湧動，應該很快就要下起梅雨了吧？

興津川[17]的香魚，是清淡爽口的食材，有海道[18]第一之稱。

七

日本三大激流之一——富士川所孕育出來的香魚，體型同樣相當碩大肥美。

笛吹川起自甲武信岳[19]，釜無川則源於甲斐駒岳[20]，兩條河川皆流過深山峽谷，在鰍沢[21]匯流後，呈現大江大河的氣勢，水量豐沛，流速湍急，在濤濤江水聲中，於東海道岩淵匯流入海。沿富士川往下行船三十里，船中還知道自己肚臍在哪裡的乘客，恐怕寥寥無幾吧。

以身延站為中心延伸出去，下游有大島河原，上游則有波高島。這一

譯註｜17｜位於靜岡縣靜岡市清水區。
譯註｜18｜即東海道，是江戶時代連接江戶（東京）和京都最主要的一條交通動脈。
譯註｜19｜位於山梨縣山梨市。
譯註｜20｜位於山梨縣北杜市和長野縣伊那市之間。
譯註｜21｜為於山梨縣南部，甲府盆地南緣。

帶是富士川流域釣香魚的熱門地點。河中近百錢大的香魚，若使出了全身的力量奮力逃脫，釣鉤和釣線就會被扯掉。進入七月之後，總能看到好幾位腰間掛著魚簍的釣客，受不了河邊沙地上的熱氣倒影折騰，而往更遠的上游走去。

富士川水系的支流，舉凡芝川、內房川、稻子川、佐野川、福士川、戶栗川、波木井川、早川、常葉川等地，每條支流今年都有大批香魚現蹤。才四月下旬，香魚的子魚就已洄游至距離河口五十里遠的釜無川支流——鹽川一帶。鹽川是由蟠踞甲信一帶的八岳山雲霧，涓滴累積而成。來到這裡，看到的就是所謂的深山香魚了。

中國的烹飪書中曾提到，好滋味要「甘而不薄[22]」。香魚的滋味，正是這句話的最佳詮釋。

一想到它的口感，我又不由自主地想起了它的肥美。

到激流去釣香魚吧！接著，晚餐不妨再倒杯酒佐餐吧！

譯註｜22｜出自《呂氏春秋·本味篇》，描述伊尹以「至味」說湯的內容。正確敘述應為「久而不弊，熟而不爛，甘而不濃，酸而不過，鹹而不減，辛而不烈，淡而不薄，肥而不膩」。

◎作者簡介

佐藤垢石・さとう　こうせき

一八八八—一九五六

隨筆家、釣魚評論家。本名佐藤龜吉（かめきち），出生於群馬縣。熱中釣魚，筆名「垢石」為釣魚用語。曾任報知新聞社記者，以「香魚友釣法」、「狸汁」等主題大量發表隨筆，對日本現代釣魚評論有重大貢獻。此外亦擅寫旅行、飲食、酒文化、艷笑譚與政界八卦等，以高妙的漢文素養及輕巧灑脫的態度聞名，曾出版《香魚友釣法》、《隨筆狸汁》、《垢石釣遊記》等。雖非正統文學創作者，卻以庶民派雜文家之姿而備受小說家井伏鱒二、瀧井孝作好評。

生魚片

佐藤垢石｜さとう　こうせき

甘仔魚的大小約為二百錢，屬鰺科魚種，在相模灣一帶的棲息量很多。若要到伊豆的網代去釣，最好是夏末至秋季前往，就能輕鬆釣到。做成生魚片是最理想的烹調手法，燉煮也不錯，可不費力地挑除魚骨，魚肉口感輕爽。

我認為，人類在嘗到美食的時候最開心。所謂的美食，當然會因個人喜好、用餐經驗等，而出現各種差異。就我個人而言，我認為生魚片是最美味的佳餚。

然而，上任何餐館，只要提到生魚片，不外乎就是那些魚販送來的黑鮪幼魚、黃鰭鮪幼魚、旗魚、鰹魚、鯛魚、比目魚、河豚等，我們的舌頭很快就會吃膩，不再覺得它們好吃。要真能令人感到美味的，莫過於鯨魚的生魚片了。鯨魚腰部附近的肉質，吃起來特別可口，其中又以藍鯨、鰮鯨最是極品。鯨魚肉因為容易腐敗，因此在捕撈上岸的地點品嘗，風味最佳。要是再運送到東京來，那可就不好吃了。

我還沒去過南極，所以還沒有機會在當地品嘗藍鯨的滋味。不過幾年前在宮城縣金華山外海一百七十海里處，吃到現捕上船的鰮鯨腰肉生魚片，鮮美滋味令人大吃一驚。魚肉間分佈著有如鮪魚中腹肉和牛腰內肉的脂肪，但滋味比鮪魚或牛肉更高雅、軟嫩。

我因為忘不了它的好滋味，後來還向牡鹿半島知名的捕鯨港——鮎川町[1]訂購生的鰛鯨腰肉，送到東京來。但品嘗過之後，還是不如在捕鯨船上吃到的美味。

在河魚當中，我認為香魚生魚片最美味。一條三十兩左右的香魚，以三枚切法剖開之後，做成生魚片，放在冰堆上吃，口中的清涼暢快，堪稱無可比擬。其中又以流過新潟縣小出島一帶的信濃川支流——魚野川的香魚，香氣、油脂和魚肉鮮味皆出類拔萃，全國少有能出其右者。

鈍頭杜父魚的魚片，滋味也很鮮美。鈍頭杜父魚在北陸地區又稱為鮴，體型較大者長約四、五寸，一般多為三寸左右，是一種個頭較小的淡水魚。每年的一到三月是它們的產卵期，趁著河水還涼冷之際捕撈，做成生魚片品嘗，風味極佳。有些人認為它的飴煮[2]或甘露煮[3]最好吃，但我個人認為，它的魚片佐醋味噌醬食用，滋味最誘人。

而在海魚方面，我認為秋季的甘仔魚，風味相當高雅。甘仔魚的大小約為二百錢，屬鰺科魚種，在相模灣一帶的棲息量很多。若要到伊豆的網代[4]去釣，最好是夏末至秋季前往，就能輕鬆釣到。做成生魚片是最理想

譯註｜1｜現為宮城縣石卷市。

譯註｜2｜以麥芽糖、醬油、味醂等調味料將小魚或貝類煮成鹹甜口味的一種烹調手法，適合長期保存。

譯註｜3｜以砂糖、醬油、酒、味醂，將小魚或貝類煮成鹹甜口味的一種烹調手法，適合長期保存。

譯註｜4｜位於靜岡縣熱海市。

的烹調手法，燉煮也不錯，可不費力地挑除魚骨，魚肉口感輕爽。

隆冬裡的馬頭鯛也值得一嘗。這種魚的生魚片，不論是鯛魚或比目魚，都很難與之匹敵，甚至是望塵莫及。它也是在相模灣大量棲息的魚種，可於國府津外海捕撈得到。吃來口感彈脆，魚肉甘甜，滋味難用言語形容。

河魚料理

大町桂月｜おおまち　けいげつ

女服務生來到桌邊，開口問：「您要點餐了嗎？」管賬的賬房不在，叫他過來也要費一番功夫，於是裸男便獨斷地點了味噌鯉魚、溫燙鯉魚、蒲燒和清燉這四道菜，還交代要先上酒，但直到兩人戲水上岸，酒才送上，並接連上菜。

一　五圓與十圓

裸男為了潛心寫作，一個人關在市區南郊，與世隔絕長達近半年，期間沒見過幾個人。好不容易熬到脫稿回了家，最先上門來拜訪他的，是夜光命和十口老弟。三人一邊閒聊一邊信步而行，來到了池袋站。「要到哪裡去？去池上一帶嗎？」兩人都不回答；「那往二子方向呢？」兩人還是不作聲；「去八王子？」兩人仍未回答；「去大宮？」兩人依舊不語。問到「那去柴又吧？」兩人才拍手叫好。顯然兩人是醉翁之意不在酒，比起覽勝，其實更想嘗鮮。去年，差不多也是現在這個時節，我們三人和榎木老弟，一起到柴又的川甚[1]大啖河魚料理。那滋味至今教人難忘。當時我們手邊的「糧草」只有五圓，由大掌櫃榎木老弟負責管賬，一行人酒足飯飽綽綽有餘；今天的糧草有十圓，由十口老弟負責管賬。我對他說：「上次是四個人花五圓，今天是三個人花十圓，十口老弟再怎麼無能，這些錢應該不至於付不了賬吧。」十口老弟一聽，也好強地說：「那當然。」夜

譯註｜1｜位於東京葛飾區柴又的河魚餐廳，現已有兩百多年歷史。

光命調侃地說了一句「很危險喔」。

三人搭上了山手線的電車，在上野站下車，又搭上市區電車到本所押上，再轉搭京成電車到柴又。先去參拜了一下帝釋天，掬起寺院裡汩汩湧出的清水送入口中，再去欣賞橫亙在正殿前的松樹，接著抬頭仰望巧奪天工的二天門。不過我們真正的目的皆不在此，於是便隨即啟程前往川甚。

二　川甚的河魚料理

初夏時節，天氣不甚炎熱。夜光命和十口老弟宛如河童轉世，看到了河就非下水游泳不可。才剛進到河畔的座位，兩人就忘了今天的補給大任，下水嬉戲去了。裸男憑欄獨坐，小利根川幽幽流過眼前。國府台位於下游，一片蓊鬱；蘆荻迎風搖曳，大葦鶯互相爭鳴，大帆小帆成列上行而來。水鄉初夏風光，教人恍如超脫俗世。謹作拙句一首為記：

九片帆揚起　迎風張滿且徐行　翩翩大葦鶯

女服務生來到桌邊，開口問：「您要點餐了嗎？」管賬的賬房不在，叫他過來也要費一番功夫，於是裸男便獨斷地點了味噌鯉魚、溫燙鯉魚、蒲燒和清燉這四道菜，還交代要先上酒，但直到兩人戲水上岸，酒才送上，並接連上菜。酒一瓶、兩瓶、三瓶、四瓶地喝，一行人都有了幾分醉意。「想再點一瓶酒，財務大臣准不准？」我一說完，十口老弟側著頭尋思。「不妙不妙，還是先請人來算算吧」一行人遂依夜光命所言，命人過來算賬，果然是千鈞一髮。算賬付錢之後，囊中僅剩電車車費和到國府台去的船票錢。唉呀呀，還是夜光命的先見之明技高一籌。

三　小岩不動的星下松

船順流而下，行過大河中游，河風拂面。一行人在栗市的碼頭[2]上岸，到了國府台，茶館的女人夾道攬客，但囊中已無餘錢，一行人只能眺望葛飾的平坦田園，望向三里外的凌雲閣，以及象徵東京繁華的數百根煙囪。

譯註｜2｜位於今日千葉縣市川市的里見公園附近，現已無碼頭。

小利根川緊臨國府台台地流過，前後二、三十町[3]都能看到河面。到了看不見河面的地方，還能看到點點白帆。我們一行來到石棺暴露在外的地方，參觀一座題有「里見廣次之墓」的墓碑，又穿過總寧寺境內，看了右側的軍營和左側的練兵場，再走下國府台，經市川村邊陲走過市川橋，打算從小岩站搭火車返家。念在時間尚早，便在沿小利根川右岸往下游走約十町處，繞到去參拜別名小岩不動尊的善養寺，去瞻仰星下松，撫摸影向松。星下松樹幹約需三人合抱，高聳參天；影向松則在離地一、兩丈[4]高之處，向四周開展，規模已達十間[5]見方。兩者一同觀賞，可謂集奇松之大觀。裸男曾數度來訪，欣賞這些松樹。他開口說：「怎麼樣？值得一看吧？」

其他兩人異口同聲地說：「的確，的確。」十口老弟還笑著說：「其實星下松的由來，是在距今兩百四、五十年前，星子落在這棵松樹的樹梢，閃耀數晚之後，落地化為石頭，故命名為星下松。而星子會落下，是因為當時的住持賢融和尚德行高厚所致。石碑上有寫。」接著，夜光命也笑了，裸男也跟著笑了。一陣薰風拂過，吹動了松樹梢，彷彿松樹也笑了起來。

譯註｜3｜日本傳統長度單位，1 町約為 1.09 公尺。
譯註｜4｜1 丈約為 3.03 公尺。
譯註｜5｜1 間約為 1.818 公尺

◎作者簡介

大町桂月・おおまち　けいげつ

一八六九—一九二五

歌人、隨筆、評論家。本名大町芳衛，出生於高知縣。一八九六年畢業於東京帝國大學國文科，擅以優雅的擬古文體，為《文藝俱樂部》、《太陽》等藝文雜誌撰寫隨筆、評論，有「美文家」之稱。熱愛旅行與飲酒，又被稱作「酒仙」。山水行腳不辭辛勞的他，曾經為文盛讚鮮為人知的祕境十和田湖，並在他的推廣下成立了「十和田國立公園」而招來人氣；晚年曾前往朝鮮、滿州旅行，其和漢混用的紀行文廣為流傳。代表作有《一簑一笠》、《行雲流水》等，生前出版《桂月全集》。

眉山

太宰治｜だざい　おさむ

新宿若松屋的老闆娘，似乎暗自認定我帶去的客人全都是小說家，而店裡的女服務生小敏，據說更是從小就把小說看得比三餐吃飯還重要。只要我帶客人到店裡的二樓，她就會睜著好奇的雙眼，問我：「這是哪位？」

這個故事，是那家餐館還沒被勒令停業前發生的事。

當時新宿一帶也因為戰火蹂躪，許多地方都被燒成一片焦土。但最早從戰火復興的，就是那些餐館酒肆，從不例外。位在帝都座後面的若松屋，就是其中之一。它雖不是鐵皮屋，但也是個臨時搭建起來的兩層樓建築。

「要是眉山不在若松屋就好了。」

「Exactly！那傢伙真是煩死人了，就是所謂的 fool。」

儘管嘴上這麼說，我們還是三天兩頭就往若松屋跑，在二樓的三坪小包廂裡喝得爛醉，最後就在那裡席地而睡。那家店對我們特別通融，甚至身上不帶半毛錢去，都能隨時賒賬。簡單來說，我們可以這麼為所欲為，是因為我在三鷹的家附近，有一家叫做若松屋的魚店，老闆是我的老酒友，和我的家人也都很熟。就是他對我說：「我姊姊在新宿新開了一家店，你就去光顧看看嘛。她以前在築地做生意，我以前就跟她提過你的事，你要在店裡留宿也行。」

於是我很快就上門光顧，在店裡喝得爛醉，就這樣在店裡留宿。魚店老闆口中的姊姊，已經是個半老的豪爽老闆娘。

最重要的，是這裡能賒賬，所以我很常光顧。凡是要招待客人，我多半都會帶到那裡去。會來拜訪我的客人，應該要有很多小說家才對，畢竟我自己好歹也還算是個小說家，但事實上，我的訪客雖偶有畫家和音樂家，但小說家還真是寥寥無幾。不，說是幾近沒有也不為過。然而，新宿若松屋的老闆娘，似乎暗自認定我帶去的客人全都是小說家，而店裡的女服務生小敏，據說更是從小就把小說看得比三餐吃飯還重要。只要我帶客人到店裡的二樓，她就會睜著好奇的雙眼，問我：「這是哪位？」

「是林芙美子小姐。」

當時我帶去的，是一位比我大五歲的禿頭西畫家。

「哎喲？可是他……」

吹牛說自己把小說看得比三餐吃飯還重要的小敏，顯得非常不知所措。

「林老師是位先生？」

「對啊。還有個名叫高浜虛子的老先生，甚至還有一位留落腮鬍的堂堂紳士名叫川端龍子。」

「這些都是小說家？」

「嗯，是呀。」

從此之後，那位西畫家在新宿的若松屋裡，就成了林老師。其實他是二科[1]的橋田新一郎先生。

有一次，我帶鋼琴家川上六郎先生到若松屋的二樓去。趁我到樓下上洗手間的時候，小敏手裡拿著銚子酒壺站在樓梯口，說：

「那位是？」

「真囉嗦，是誰都無所謂吧！」

我也被問煩了。

「那到底是誰？」

「他姓川上啦。」

我已經氣得一肚子火，連平常的那些玩笑都懶得開，便脫口說出了實情。

譯註｜1｜二科會是1914年成立的民間美術團體，共分為繪畫、雕刻、設計和攝影等小組，每年皆會舉辦二科展。

「喔！我知道了，是川上眉山[2]。」

比起滑稽可笑，此刻我的心情，更像是對她的無知感到極度厭煩，甚至想痛揍她一頓。

「白癡！」

我撂下了這句話。

從那之後，我們當面還是叫她小敏，但背地裡都開始改叫她眉山，還有人改稱若松屋為眉山軒。

眉山看來約二十歲上下，長得既矮又黑，輪廓扁平，眼睛小，外貌一無可取，唯有眉毛是細長優美的弦月。也因為這樣，讓人覺得「眉山」這個小名簡直是非她莫屬。

不過，她的無知、死皮賴臉和大驚小怪，真是讓人吃不消。就算一樓店裡有客人，她還是老往我們這些人流連的二樓跑，而且明明什麼都不懂，還帶著自信滿滿的表情，打斷我們的談話。例如過去曾發生過這樣的事：

「可是，所謂的基本人權，是……」

譯註｜2｜川上眉山（1869-1908）明治時期的小説家，於1908年6月15日清晨刎頸自殺。太宰治生於1909年。

席間某人的話才說到一半。

「啊？」

她就急著插話，還說：

「那是什麼東西啊？是美國貨呀？什麼時候會配給？」

據說當時是因為她把「人權」聽成了「人絹」。這個錯誤實在是太離譜，讓在座眾人都覺得很掃興，沒人笑得出來，甚至還露出了凝重的表情。

只有眉山自己一個人，露出了喜不自勝的笑容。

「因為你們都不告訴我啊！」

「小敏，樓下有客人上門囉！」

「隨他去吧。」

「話不是這樣說，你怎麼能說隨他去……」

我越說越氣。

「她是白癡啊！」

眉山不在場的時候，我們放膽地吐了怨氣。

「不管怎麼樣，她真的是太誇張了。這家店其實並不差，偏偏就是有個眉山。」

「她其實還滿自戀的咧！她壓根都不知道我們這麼討厭她，還以為自己很受歡迎……」

「哇！真受不了。」

「不，或許她的確是討人厭，但聽說她可是貴族……」

「啊？這消息我還真的是第一次聽說，沒人提起過。是眉山自己放的話？」

「是啊。貴族的這件事，讓她闖下了大禍。不知道是誰耍她，說真正的貴婦，小便的時候都不蹲下。結果那個傻瓜，偷偷在洗手間裡有樣學樣，撒得到處都是，把洗手間弄成了一片汪洋。而且後來還裝做若無其事。各位應該都知道，這裡的洗手間，是和後面那家水果店共用的。所以水果店一氣之下，就向樓下的老闆娘抗議，還以為我們這群醉鬼是兇手，嫌我們惹了麻煩。我們就是曾發生過這種背黑鍋的不愉快經驗。可是，我們再怎麼爛醉，都不會失態造成那樣的大洪水。我覺得狐疑，多方打探之下，才發現原來是眉山闖的禍。她很爽快地招認，還說是洗手間的格局不好。」

「她怎麼會又想到要效仿貴族？」

「應該是時下流行的詞彙吧？聽說她家裡，是靜岡市的望族……」

「望族？望族也有很多種。」

「聽說她以前住的房子，佔地大得令人咋舌。雖然那座宅邸後來在戰火中被燒得精光，她才會淪落至此，但當年據說宅邸規模可比帝都座[3]，還真讓我嚇了一跳。結果後來仔細一問，才知道所謂的宅邸，其實是一所小學，而那個眉山啊，是小學工友的女兒。」

「嗯，這讓我想起了一件事。那個傢伙上下樓梯很粗魯，對吧？上樓的時候腳步聲咚嘶咚嘶，下樓的時候就像滾下去似的，腳步聲噠噠噠噠，實在是很惹人厭。她不是會噠噠噠噠地下樓，直接衝進洗手間，再把門『呯』的一聲關上嗎？拜這些動作之賜，我們先前不是曾經被冤枉嗎？那個樓梯下面，其實還有另一個房間。老闆娘的親戚先前來東京動

譯註｜3｜1931年在新宿開幕，是電影院與劇院的複合場館，至1972年閉館，現為新宿丸井百貨本館。

牙齒的手術，就是住在那裡。牙痛的人，聽到那種咚嘶咚嘶、噠噠噠噠噠的聲音，會覺得特別不舒服。於是那個親戚就去跟老闆娘說：『二樓那些客人簡直快要了我的老命！』可是我們這群人，根本沒人上下樓梯那麼粗魯。而老闆娘就找我當代表，說了我一頓。我心有不甘，便對老闆娘說：『那一定是眉山，喔不，是小敏。』眉山在一旁聽了，還泛著笑意，得意洋洋地說：『我從小就在堅固的樓梯爬上爬下。』當下我真是聽得目瞪口呆，心想女人還真敢為膚淺的虛榮而吹牛。原來如此，她是在學校長大的呀？那還真不是吹牛，小學的樓梯確實是很堅固。」

「我越聽越覺得不舒服。從明天起，我們就換個地點吧。該是時候了，就找找其他合適的巢穴吧。」

下定決心之後，我們到處奔波，看了好幾家酒館，到頭來還是回到了若松屋。再怎麼說，畢竟這裡能讓我們賒賬，所以大家還是不由自主地往若松屋跑。

當初由我介紹到這裡來的禿頭林老師，也就是西畫家橋田先生，後來也會自己一個人上門光顧，成了這家店的常客。其他還有兩三個朋友，也都是這樣子。

當天氣轉暖，櫻花即將綻放之際，有一天，我和前進座[4]的一位青年演員——中村國男，約在眉山軒談事情。我們當天討論的，其實就是中村的一門親事，但事情有點複雜，在我家得壓低聲音才能談，於是我便和他約在眉山軒，好讓彼此可以盡情地大聲討論。中村國男當時也已算是眉山軒的半個常客，而眉山卻總以為他是中村武羅夫[5]。

我一到店裡，發現中村武羅夫老師還沒到，倒是看到被稱為林老師的橋田新一郎先生在外場桌邊，一個人眉開眼笑地喝著單杯日本酒。

「實在是太精彩了！眉山一腳踩進了味噌裡！」

「味噌？」

我看了老闆娘一眼。她站在吧台邊，單手手肘靠在吧台上。

老闆娘先是怒不可遏地皺著眉頭，接著便無可奈何似地笑了出來，說：

「其實也沒什麼，那個姑娘老是冒冒失失的。剛才她神色凝重，匆匆

譯註｜4｜成立於 1935 年的劇團，起初是由一群反對歌舞伎業界因循守舊的歌舞伎演員所創立，現已發展成演出各種舞台劇的劇團。總部位於東京的武藏野市。

譯註｜5｜中村武羅夫（1886-1949）是小說家、評論家，曾任《新潮》雜誌的編輯。

忙忙地從外面跑回來，就突然一腳踩了進去。」

「踩到味噌了？」

「是呀，今天才剛配給的味噌，用重箱漆盒裝了滿滿一堆放在那裡。把東西擺在那裡，固然是我不對，但她也沒必要就這麼不偏不倚地把整隻腳踩進去吧？而且她還把腳抽出來，就這麼墊著腳尖去了廁所。再怎麼內急不能忍，也不必急成這樣吧？廁所裡有沾著味噌的腳印，這叫我怎麼對客人交代啊……」

話還沒說完，老闆娘笑得更大聲了。

「廁所裡有味噌，這的確是不太妥當啊。」

我也拚了命地憋著笑，說：

「不過，所幸她是去洗手間之前踩進去。要是剛從洗手間出來的腳踩了進去，那可就吃不完兜著走了。更河況眉山的汪洋大海可是出了名的多，要是沾上了這些汪洋大海，還一腳踩進去，味噌保證變糞噌。」

「我也不知道，總之那些味噌都不能用了，所以我現在要小敏去把它們全扔了。」

「全都丟了嗎？這一點很重要，畢竟有時店裡早上會請我們喝味噌湯。為了日後的安全著想，我得先問清楚。」

「全都扔掉了。如果您懷疑的話，那以後我們店裡不再供應味噌湯就是了。」

「那就拜託您啦。小敏呢？」

「她在井邊洗腳。」

橋田先生接著說。

「我當場看到了整個過程，總之就是很慘烈。踩進味噌裡的眉山，簡直就可以拿來當做吉右衛門[6]的招牌表演了。」

「不行，這不能拿來當做戲劇橋段，味噌要準備的道具太麻煩了。」

橋田先生當天因為另有要事在身，所以後來就先回家了。於是我走上二樓，等候中村老師的到來。

一腳踩進味噌裡的眉山，拿著銚子酒壺，咚嘶咚嘶地跑了上來。

譯註｜6｜初代中村吉右衛門（1886-1954），明治末期至昭和年間的知名歌舞伎演員，昭和天皇及香淳皇后曾於 1953 年現場欣賞他的歌舞伎表演。

「妳是不是哪裡不舒服？別靠近我，髒死了。妳是不是一直跑廁所啊？」
「我才沒有。」
她喜孜孜地笑了。
「我啊，小時候曾被人說過『小敏，妳長得一臉像是從來沒去過廁所似的』呢！」
「畢竟妳是貴族嘛……不過坦白說，我覺得妳那張臉，總是一付剛從洗手間出來似的表情……」
「哎呀，真過分。」
但她還是帶著笑。
「以前有一次，妳外套的下擺都還掀在背上，就拿著銚子酒壺到這裡來。以文學上來說，那樣就叫做一目瞭然。那種樣子替客人斟酒，可是很沒禮貌的喔。」
「你滿腦子想的都是那些事。」
她絲毫不以為意。

「喂！妳未免也太不衛生了吧？竟然在客人面前摳指甲裡的污垢。我好歹也是客人呀！」

「哎喲，你們不也都是這樣嗎？各位的指甲還真是乾淨啊！」

「我們和妳可不一樣。話說回來，妳倒底有沒有洗澡啊？給我從實招來。」

「當然有啊！」

她打了個馬虎眼，又接著說：

「我呀，剛才可是去了書店喔。然後我還買了這個，上面有你的名字呢！」

她從懷裡拿出了剛出版的文藝雜誌，快速地翻著，看來像是在找有我名字出現的那一頁。

「別翻了！」

我忍無可忍，發出了怒吼。我對她深惡痛絕，簡直就想把她痛揍到動彈不得。

「那種東西沒什麼好看的，妳看了也不懂。妳幹嘛又買那種東西來？浪費錢！」

「哎呀，因為上面有你的名字啊。」

「既然這樣，那妳有辦法蒐集到每一本有我名字出現的書嗎？辦不到了吧？」

我滿嘴都是歪理，但我就是很不耐煩。我家也收到了那本雜誌，所以我很清楚，裡面刊了一些論文，把我的小說批評得一文不值。眉山會帶著她一貫不以為意的表情，讀那些論文。不，我生氣的原因，還不只是這樣。我絕不容許眉山這種人對我的名字、作品，做出任何批評。不，其實許多自稱愛小說更甚於吃飯的人，說不定都是眉山這種水準。而作者是否完全沒發現這件事，拚命地揮汗耕耘，甚至還犧牲妻小，只是在為這樣的讀者奉獻心力？我一想到這裡，心中便會湧起一股欲哭無淚的遺憾不甘。

「總之把那本雜誌給我收掉。妳要是敢不收，我就揍到妳收！」

「不好意思喔。」

她的臉上還是帶著笑，說：

「我不讀就行了吧？」

「會買這本書就證明了妳是個笨蛋。」

「哎喲，我才不笨呢，我還是個小孩。」

「小孩？妳嗎？胡說什麼啊？」

我完全無法接話，打從心裡覺得很不高興。

幾天後，我因為飲酒過量，突然生了一場大病，在家裡休養了約莫十天，才終於痊癒。一好轉，我便又跑到新宿去喝酒。

那天黃昏，在新宿車站前，有人拍了拍我的肩膀。我回頭一看，發現是林老師——也就是橋田先生，略帶酒意，笑著站在我身後。

「你要去眉山軒啊？」

「是啊，要不要一起去？」

我開口邀約橋田先生。

「不了，我剛才去過了。」

「有什麼關係？再喝一輪。」
「聽說你生病了……」
「已經沒事了，走吧！」
「好吧。」
橋田先生不知為何，很勉強地答應了我的邀約，不像他平常的作風。
我們走在後巷小路裡，我像是突然想起了什麼似的，開口問了這句話：
「一腳踩進味噌裡的那個眉山，還是老樣子嗎？」
「她不在了。」
「什麼？」
「我今天到店裡去的時候，就沒看到她。她來日無多了。」
我心頭一驚。
「我剛剛才聽老闆娘說，」
橋田先生一臉嚴肅。
「她得了腎結核。小敏本人和老闆娘當然都沒察覺，只覺得她怎麼那麼頻尿，老闆娘便帶她去醫院檢查，才發現是生了病，而且兩邊腎臟都已經被病魔吞噬，要開刀或做什麼治療，都為時已晚，據說是已經沒多少時日可活了。老闆娘沒把真相告訴小敏，就讓她回靜岡老家陪爸爸了。」

「原來如此。她明明很乖的呀……」

我不禁脫口說出了這句話，同時伴隨著一聲嘆息。接著我感到一陣尷尬，只想摀住自己的嘴。

「她是個好女孩。」

橋田先生很沉著、很感慨地說。

「現在這種時代，像她個性這麼好的女孩，已經很少見了。她為了服務我們這些人，拚了命地努力工作。我們只要在二樓留宿，半夜兩、三點一醒來，馬上就會跑到樓下去，嚷嚷著說『小敏，給我酒。』她一聽到這句話，總是立刻回答『好』，天氣那麼冷，她都不嫌麻煩，就馬上起身去拿酒來給我們。這樣的女孩子要上哪裡找啊！」

我的眼淚就快要奪眶而出，只好設法掩飾，說：

「不過，『一腳踩進味噌裡的眉山』這個綽號可是我取的喔！」

「我覺得對她很抱歉。據說腎結核的人，真的一下子就得跑廁所。所以她為了跑廁所而踩進味噌裡，或像滾下樓似的衝下樓，聽起來很合理。」

「眉山的汪洋大海也是？」

「那當然。」

橋田先生帶著怒氣，回答我刻意用來搞笑胡鬧的那些問題。

「貴族才不是站著小便呢！那是因為她想待在我們身邊久一點，一直忍耐憋著，所以才會急到站著小便。她上樓梯的時候，腳步聲會咚嘶咚嘶作響，也是因為拖著病體的關係。儘管如此，她還是硬撐著為我們服務。我們這群人，或許是真的受了她很多關照。」

我佇立在原地，懊悔地想跺腳。

「我們到別處去吧！去那家店我實在沒心情喝。」

「我也是。」

從那天起，我們便立刻換了據點。

◎作者簡介

太宰治・だざい　おさむ

一九〇九—一九四八

小說家，本名津島修治，一九〇九年六月十九日，出生於青森北津輕仕紳之家。高中時期接觸左翼思想，對自己富家子弟身分懷抱罪惡感。初期作品傾向社會批判，大學時期更因傾心左翼運動、耽溺酒色而怠惰課業，遭東京大學除籍。一九三〇年與酒吧侍女殉情不成，日後仍多次隨其他女性殉情、自殺未果。一九三五年發表〈逆行〉獲第一屆芥川賞提名，最終落選。戰後，以〈維榮之妻〉、〈斜陽〉、〈人間失格〉等傑作走紅文壇，與坂口安吾、織田作之助等同列無賴派、新戲作派作家。一九四八年六月十三日於東京玉川上水與情人山崎富榮殉情而亡。

早餐

林芙美子｜はやし　ふみこ

至於美味早餐的回憶，那就要談談在靜岡住過的「辻梅」這家旅館了。這裡最令人欣喜的，是館方供應的茶很好喝。而在京都繩手的西竹，早餐米飯煮得很蓬軟，非常美味。此外還有更好吃的，那就是在船上吃的飯。每次搭船時我都會想：大連航線的早餐真是好吃得令人佩服。

一

我曾在倫敦住過約兩個月的供餐分租套房。這兩個月當中，每天早餐的內容都千篇一律，讓我大感詫異。燕麥粥、火腿蛋、培根、紅茶，還真是讓人嘆為觀止。至今我看到火腿蛋和培根時，偶爾還是會覺得胸口悶悶的。

日本也有每天早上喝味噌湯的習慣。英國的早餐裡，是否三百六十五天都要有火腿蛋，就像日本的味噌湯一樣？不過我覺得倫敦的燕麥粥很好吃，有時可趁熱加入奶油、佐鹽食用，有時可用果醬調味，甚至也可以加砂糖、牛奶，攪拌後再品嘗。

在巴黎，早上到住家附近的咖啡館，吃剛出爐的可頌，配上香醇的咖啡，是我的一大樂趣。早餐吃得太多，一整天都會覺得頭和胃脹得很難受，因此我覺得巴黎式的早餐最適合我。

我有時也會只喝一杯咖啡而不吃早餐，不過大多喜歡吃麵包配蔬菜，再佐紅茶。例如近來我都會吃很多小黃瓜，先將小黃瓜切薄之後，接著泡進濃鹽水中沖洗，之後再挾進塗有奶油的麵包裡，配上一杯紅茶享用。紅茶裡我不加牛奶之類的東西，但會滴一、兩滴威士忌或葡萄酒拌勻後再喝。對我而言，這就是一份無與倫比的早餐了。

熬夜過後，頭昏腦脹時，我會先刷完牙，再從冰箱拿出冰鎮的威士忌，用小酒杯喝上一杯，一整天就會生龍活虎得驚人。盛夏早晨沒胃口時，效果尤其神妙。

夏天的早晨，我總會大享品嘗各種特殊早餐的樂趣。吃「飯」時，我喜歡在剛煮好的白飯上放梅乾，並淋上冷水後再吃。不論春夏秋冬，米飯還是剛煮好的最可口。我愛吃平躺的飯，不喜歡那些立著、或很有光澤、有凹洞的飯。把煮得蓬蓬軟軟，宛如孩子睡姿般的白飯，盛到飯桶裡時，那種感受真是無可言喻。味噌湯很適合我這個整天菸不離手的人，不過在我家，一個月大概只會煮十天，其他時候大多是吃蔬菜、麵包配紅茶。吃飯配味噌湯的日子，還是以冬天居多。

接下來就是番茄的盛產季。有一種淺粉紅色的番茄叫維多利亞，夾在麵包裡吃起來非常美味。用麵包夾番茄時，切記要在麵包裡塗上一層花生醬再吃，美味程度讓人宛如置身天堂。此外，麵包搭配佃煮類的東西一起吃，滋味更是獨特。而我吃的果醬，多半都會在家裡自己煮。

我不太喜歡有罐頭味的果醬，所以買的時候會特別挑選瓶裝商品。所幸近來日本廠商也做出了品質極佳的酸黃瓜，沾點黃芥末，撕下一口麵包搭配著吃，再啜一口加入大量砂糖的紅茶，也是一份美味的早餐。除此之外，我的獨創發明當中，特別好吃的是麵包夾炸西洋芹，還有用夏天早上農夫上門兜售的蘿蔔嬰嫩葉，燙過呈鮮綠色之後，再拌入花生醬，夾進麵包裡吃。兩者都非常美味，值得一試。至於梅雨季節時的早餐，我覺得還是要喝燙口的熱咖啡，搭配厚片吐司，吃起來最美味。

每天早上吃大量的奶油，皮膚會變得非常好。在國外，用奶油就像我們用醬油一樣。我不喜歡看到餐桌上都是奶油用得很吝嗇的菜。星期天早上，我會用沙丁魚佐切末的番茄、萵苣等材料，可與麵包一起吃，配飯也很不錯。

至於早上喝的茶類，我會精挑細選，讓舌尖品好茶。泡茶和煮飯一樣，都講究用心。我認為咖啡不適合搭配許多餐點，例如有腥味的食材、魚、蔬菜等。吃過繁複餐點後，我多半會選擇喝紅茶。不過，在吃過肉類菜色之後，餐後的咖啡喝起來會特別香醇。若用餐想佐茶，我想紅茶應該是首選，您覺得呢？

二

前陣子我讀了高見順[1]先生的小說作品《下著霙的背景》，文中描述了在郊外茶室吃早餐的情景，不愧是高人筆觸，將廉價茶室的早餐描寫得很鮮明。女主角說，只要嘗過飯和茶，就知道這家店的料理高不高明，我也很有同感。

我常到各地旅遊，因此對於旅館吃的早餐，有著各種說不盡的回憶。若先從壞的說起，就不能不提我去赤倉溫泉時下榻的香嶽樓了。我至今仍

譯註｜1｜高見順（1907-1965）是日本的小説家，也發表過詩作。

能很清楚地回想起當時的情況。我聽說它有專車接送住房客，是一家相當高級的旅館，結果早餐卻是用冷飯重新蒸熱就端上桌，讓我大感詫異。當時是五月份，或許剛好是淡季，所以並未每餐現煮白飯，但下榻的兩、三天期間，我竟被迫吞下了兩、三次的隔餐飯，氣得我跑去找女服務生談判。不知為什麼，這件事已經過了三、四年，至今我卻還能想起當時的憤怒不甘，可見食物引發的恨意，還真的會讓人耿耿於懷。而東北地區則不只是早餐，是所有餐點都很難吃。由其到了庫頁島一帶，更是會在一大早就端出充滿腥臭的餐點。

至於美味早餐的回憶，那就要談談在靜岡住過的「辻梅」這家旅館了。這裡最令人欣喜的，是館方供應的茶很好喝。而在京都繩手的西竹，早餐米飯煮得很蓬軟，非常美味。此外還有更好吃的，那就是在船上吃的飯。每次搭船時我都會想：大連航線的早餐真是好吃得令人佩服。搭船旅遊的航程中，早餐吃到的厚片吐司特別美味。

說到麵包，我想起了在北京的北京飯店裡嘗過的果醬。不知是誰煮出來的果醬，竟能呈現清澈透亮的麥芽色，而且既不甜也不酸，真的非常可口。

我很少在朋友家過夜，不過有一次，我曾在鎌倉的深田久彌[2]先生家留宿，當時吃到的早餐，我至今仍會不時回想起它的美味。深田夫人外表看不出來，但其實很愛下廚，少許零碎時間就能變出佳餚，很有才華。她用火盆炒得滋滋作響的美味火腿、蒸蛋和醃漬小菜，光想起來就讓人口水直流，保證美味不凡。

我不擔心早餐出現肉類，但一早要我吃魚，我可就受不了了。每次到中國地方[3]以漁獲著名的城鎮，一大早餐桌上就會出現燉蝦蛄。相傳早餐吃水果，對身體的好處之多，就像黃金般價值連城。而在中國地方最值得感激的，就是可以吃到許多水果。最近，我每天早上都會把檸檬片加在水裡喝，對我這個缺乏運動的身體來說，感覺很有益處。而現在這個時節，把用砂糖煮過的草莓拿來沾麵包吃，滋味也很可口。奶油炒菜豆、或熱呼呼的粉吹芋[4]沾金澤海膽吃，都是夏日早晨的一大享受。吃過這麼多地方的海膽，我覺得金澤的海膽最鮮美好吃，而且要每天早

譯註｜2｜深田久彌（1903-1971）是日本著名的登山家，著有《日本百名山》。

譯註｜3｜日本的鳥取、島根、岡山、廣島、山口五縣的統稱。

譯註｜4｜將水煮過的薯、芋類放入鍋中炒乾。

上烤過麵包之後，把海膽像奶油一樣地塗抹上去，這簡直是太美味了。

一談到吃，我其實還有很多內容想寫，但請容我暫且擱筆休息，他日再多寫一些美食尋訪記吧！

◎作者簡介

林芙美子・はやし　ふみこ

一九〇三—一九五一

暢銷女流小說家。出生於北九州門司市。廣島縣尾道市立高等女學校畢業後前往東京，為求生計做過幫傭、餐廳侍女、小販、廣告員等各種雜務勞動，看盡當時社會底層的人生百態，二十七歲出版自傳體長篇小說《放浪記》確立文壇地位，隨後發表〈手風琴與魚之小鎮〉，以及描寫夫妻日常生活的〈清貧之書〉大獲好評。曾獨身遠赴巴黎旅行，二戰期間更以戰地作家身分前往中國、爪哇、法屬印度高原等地，拓展創作視野與內涵。著有《晚菊》、《浮雲》等代表作，刻畫戰後日本社會男女間的苦澀情感流動，並以《晚菊》獲得第三屆「女流文學者獎」。

雜煮

岡本加乃子｜おかもと　かのこ

雜煮是用浮著白蘿蔔、芋艿和小松菜的清湯，加上中等大小的方形烤年糕組成。我從小就吃慣了這種清淡的口味。我們總會草草吃完二之膳裡的鯛魚清湯，再多吃好幾碗雜煮。

我的娘家在明治維新前，是江戶及各地大名[1]的御用商人。明治維新後，我家變成了東京近郊的地主，但有些事仍固守著昔日遺風。

例如那些依字母順序排列的幾十座倉庫，由許多掌櫃負責管理。掌櫃以下還有男工、女僕和家事女傭等，僱用了多達近百人。而老爺面對這些工人、僕役時的態度，迄今仍承襲了當年東京下町批發商號老太爺的那一套，絲毫沒有改變。當家老爺吃的正月雜煮[2]，會和僕役們從同一口大鍋裡盛來端上桌。老爺就在自己的這份餐點前，先整理了一下身上那件印著家紋的外衣衣領，才畢恭畢敬地坐下，拿起沒上漆的原木筷。長男、長女、次男、么女，全都跟著坐在一旁，就和當年老爺的父親一樣。雜煮是用浮著白蘿蔔、芋艿和小松菜的清湯，加上中等大小的方形烤年糕組成。我從小就吃慣了這種清淡的口味。我們總會草草吃完二之膳[3]裡的鯛魚清湯，再多吃好幾碗雜煮。我印象中，應該只有老爺一家會用有光琳[4]繪圖的大雜煮湯碗。

幾年後，我嫁到市區，每年都還是會想吃到這樣的雜煮。這個家裡的

譯註｜1｜日本古代的諸侯。

譯註｜2｜日本新年吃的傳統菜餚，是一種年糕湯，各地做法略有不同。

譯註｜3｜日本傳統的本膳料理當中，放在用餐者正前方的是「本膳」，本膳右邊的是「二之膳」。根據江戶時代的烹飪書《料理早指南》記載，二之膳應包括一湯兩菜。

譯註｜4｜尾形光琳（1658-1716）是江戶時代中期最具代表性的畫家之一。

老爺，出生於都會家庭，但雜煮口味卻是承襲了出身關西某藩的祖先，吃的是鷸雜煮或白味噌雜煮。我覺得前者吃起來很腥，後者則是很膩。個性強悍的我搶佔了上風，先生只好苦笑著吃下了我朝思暮想的雜煮，到頭來他也完全習慣了這種口味。幾年後的歲末時節，家裡有一對出身山陰[5]望族的兄弟來寄宿，剛好當時學校也放假，兩兄弟便從歲末起，就興高采烈地聊起了新年的特色風俗。

「吃這種雜煮真沒意思。」

兩兄弟嫌棄了我的雜煮。對我的不平之鳴，他們也只是淡然地笑笑帶過。最後，這對兄弟說要為我們家介紹山陰地區的雜煮。

除夕夜當晚，山陰道的老家依照兩兄弟的指示，用裝橘子的紙箱寄來了滿滿一箱的圓年糕。把它們一個個從箱裡拿出來仔細端詳，發現它們約莫相當於較大的蜜柑，稍偏硬，外表還撒了一層澄粉。經過再三揉捏製成的圓年糕，有著如真綿[6]般細緻的黏著力和光澤。光是烤過就吃，味道顯得過於細膩幽微。然而，烹煮雜煮時，這些年糕得要丟進大鍋熱水裡煮。

譯註｜5｜鳥取縣與島根縣合稱山陰地區。

譯註｜6｜一種純蠶絲的布。

選品質精良的柴魚片，熬出滋味細膩幽深的高湯，接著再把更細緻的柴魚片，放在高湯裡那一整顆渾圓的年糕上，就像放上一堆碎花瓣似的，搭配整齊等長的水芹或小松菜等綠葉，細切如絹絲般的蛋絲帶著黃，還有口感爽脆、光澤照人的白色魚板。不論在視覺或味覺上，這碗雜煮都顯得清爽高尚又典雅。我拿起略顯粗鄙的罕見雜煮湯碗，眼前竟浮現出了山陰道上優雅的野趣。清澈卻有分量的豐沛流水，與群山間的松樹綠意，宛如押繪般厚厚地堆疊，讓我想像出了一片既樸實又濃豔的風景。

兩兄弟的哥哥瀟灑開朗，略帶幾分寂寞氣息；弟弟有張稍偏鈍角的短臉龐，散發溫和與銳氣。兩人即使和我們再熟悉，也不會親近到過分狎暱，展現出望族教養，展現出內斂而有深度的一面。那一年元旦，朝陽晴得很爽朗。紙門敞開，景物沒在和室落下陰影，只有朝陽悠悠地流瀉進屋裡，顏色佔滿了每一片榻榻米。壁龕的大花瓶裡，插著豔紅的南天竹，果實一顆顆地閃耀著澄澈的光。

◎作者簡介

岡本加乃子・おかもと　かのこ

一八八九—一九三九

小說家，本名岡本加乃，一八八九年出生於東京。師事女歌人與謝野晶子，早期以詩歌創作見長。一九一〇年與漫畫家岡本一平結婚，卻因夫妻間的對立與次子猝逝，導致嚴重的精神衰弱。此後開始鑽研佛教各流派，並發展出個人獨特的生命哲學，作品多可見宗教影響。一九三六年發表以芥川龍之介為藍本的小說〈病鶴〉，受川端康成好評推薦，正式於文壇出道，並在短短三年間發表〈母子敘情〉、〈金魚繚亂〉、〈老妓抄〉等代表作，以濃密的情感與敏銳的人間洞察，交織而成極富生命力的獨特作品世界。

蕎麥麵的口味與吃法問題

村井政善｜むらい　まさよし

而所謂的「竹簍蕎麥麵」，當年在一般麵館是吃不到的。出餐時，竹簍蕎麥麵會盛裝在竹編的篩籃裡，上面不撒海苔。神田的山產店「田名」（位於現在的豐島通右轉處）的著名餐點「二六蕎麥麵」，一份只要十二文錢，比其他餐館便宜四文錢。

聽說古代有個規定，說武士和老饕就要吃「盛蕎麥麵[1]」，市井商人、工匠得吃「湯蕎麥麵」，平民百姓則是吃「烏龍麵」。

蕎麥麵真正的滋味，就蘊藏在「盛蕎麥麵」裡，不應該吃那些有料的麵。——老饕之間有這樣的說法。行家認為，「盛蕎麥麵」水分將乾未乾的片刻空檔，才能吃到最美味的蕎麥麵。麵裡不能殘留過多水分，更不能太過乾燥、軟爛。美味恰到好處的時候，就是已去除麵中多餘水分的時候。

有些人會學老饕「耍帥」，說蕎麥麵要吃硬的才對味；也有些人喜歡吃新鮮的生蕎麥麵，個人口味大不相同。

根據專家指出，「盛蕎麥麵」盛裝時，其實應該要先把麵擺在蒸籠的四角，接著把麵攤平後再上桌。如此一來，吃的人用筷子挾起麵條後，就必須一路滑溜地將麵送入口中，而這才是業界認為妥善的盛裝方式。如果因為嫌麻煩而將麵條往蒸籠中間堆成一座小山，再設法往四角撥開，那麼任憑吃的人再怎麼拉、扯，蕎麥麵還是會糾結成一團，到頭來只能歪著頭把麵硬是吃完，或用筷子把麵條切斷。這種情況固然是蕎麥麵館的製麵

譯註｜1｜以蕎麥麵做成的涼沾麵。

師傅有錯，但麵館老闆也要特別留意。此外，有些不懂蕎麥麵的外行人，也學老饕說「能用筷子扯開的蕎麥麵不好，要一口就能滑溜順暢地吃到很多，才是品質精良的蕎麥麵。」於是蕎麥麵便每況越下，有些製麵師傅心態苟且隨便，做出粗製濫造的麵條，也有人用中華麵條混充，有時甚至還會做出一些不知究竟是蕎麥麵還是烏龍麵的東西。

蕎麥麵最正確的吃法，應該要用筷子挾起麵條，把最末端的一寸三分泡進醬汁裡，然後從接近筷子的這一端送入口中，讓沒沾醬的蕎麥麵在口中泡濕，品嘗蕎麥麵真正的滋味和香氣之後，再安靜地將沾有醬汁的麵條吸入口中，就能吃出高湯的味道。

我個人有時會買蕎麥麵在家吃，但口味都不好，沒有在蕎麥麵館吃的那種味道，於是我便常假藉「研究蕎麥麵吃法」的名義出門吃麵。然而，近來就算到麵館吃，還是常吃到難吃的蕎麥麵。這些店家都要客人穿著鞋坐在椅子上吃麵，吃起來當然不會好吃。此外，我在店內一隅觀察眾人的吃相，總覺得即使這個時代講究快速，人們也不該搞不清楚自己在吃的究竟是「湯蕎麥麵」還是「盛蕎麥麵」。許多吃「盛蕎麥麵」的人，把佐料全都倒進沾醬裡，再把蕎麥麵整條都泡進去。這樣做根本就像是在吃放冷的「湯蕎麥麵」，吃不出蕎麥麵的味道，只是在沖淡醬油的鹹味和佐料的嗆辣，還有吃多之後會填飽肚子而已。除了在火車站的月台，或是特殊的餐點之外，若想體會蕎麥麵原本該有的滋味，還是要靜靜地坐在榻榻米上吃，才能嘗出它的真滋味。

近來，那些坐在椅子上吃蕎麥麵的客人，多半都不懂得如何品嘗蕎麥麵。偶有幾位客人吃得很認真，但對蕎麥麵其實根本一竅不通。如前所述，他們會把醬汁啪噠啪噠一口氣全都倒進豬口杯[2]，接著把蔥末、蘿蔔泥也都亂七八糟地加進去，然後挾著蕎麥麵條放到杯中，順勢用筷子攪拌一下，再撈出來吃。我還看過更過分的客人，開口抱怨店家「小氣」，沾醬給得太少，最後乾脆直接說「不好意思，幫我加點沾醬」。就因為這樣，我們才會越來越難吃到好吃的蕎麥麵，有時也糟蹋了蕎麥麵館的用心。所以，這種不懂吃的客人越多，店裡的蕎麥麵和沾醬也越難吃，唯獨分量給

譯註｜2｜裝蕎麥麵沾醬用的容器。

得很豪邁。

我曾聽一家蕎麥麵館的老闆這樣說：湯麵當中的「天婦羅蕎麥麵」雖是大眾口味，但並不是什麼特別高檔的餐點，甚至可說是拿來騙外行人的東西。老饕喜歡的是「花卷[3]」。用優質蕎麥麵、上等醬汁，再撒上高級海苔片製成的花卷，香氣足、滋味佳。上面的海苔片可謂價值連城，卻有不解風情的客人抱怨「為什麼不附佐料[4]？」老闆雖然暗忖「真不識貨」，但畢竟是客人要求，所以還是會供應。客人一拿到佐料，便把蔥末撒在碗裡的海苔上。看到這一幕，老闆只覺「唉呀，沒救了」。

早期，點了這道「花卷」之後，還會開口向店家要求佐料的，千人當中大概只有一個。近幾年吃「花卷」的客人變少，點餐的客人也有十之八九會要求佐料。我這家店裡，起初還撐著不附佐料，但現在不附的話，客人一定會開口要，於是我也主動隨餐附上，省得麻煩。偶爾會看到吃花卷的客人，完全沒碰附送的佐料就離席，總會讓我懷念起過去，感嘆「原來東京還有懂風雅的人啊」。

譯註｜3｜「花卷蕎麥麵」的簡稱，源於江戶時代。因以揉碎的海苔片點綴，有如櫻花花瓣散落，故得此名。

譯註｜4｜一般吃蕎麥麵時，會附上海苔絲、蔥末、蘿蔔泥和柴魚片等佐料。

然而近來一般大眾吃麵時，越來越少人以品嘗蕎麥風味為本位，轉而偏好亂七八糟的混搭餐點。下面簡單引述兩、三位大師談蕎麥麵口味的內容，供各位參考。

佐佐木博士[5]的論述

我曾在雜誌上看到佐佐木博士的這番談話：「我聽說有店家因為生意變差，就為蕎麥麵妝點了一些新色彩，我覺得這是一個很好的做法。從營養學的角度來看，用豆子磨成的粉來為蕎麥麵上色，並無不妥；就色調而言，青竹色也不錯。蕎麥麵的銷路會變差，是因為近來的年輕人似乎已不太重視食物的風味。我目前也在女學校[6]教課，學校裡只教營養成分，完全不管風味如何。我個人很喜歡蕎麥麵，一星期頂多只有兩天不吃。而且我也很清楚它的營養成分，所以希望能鼓勵大家多吃。時代在變，以前的人講究風味，現在的人著重營養，所以蕎麥麵要加牛奶一起吃，或想打個

譯註｜5｜農學博士佐佐木林治郎。

譯註｜6｜全名為「高等女學校」，是日本舊學制當中的女子中學，供小學畢業生就讀，修業年限為 4 ～ 5 年，以教養賢妻良母為教育目標。

蛋進去，只要吃起來感覺不差，我覺得都無妨。同時還要考量蕎麥麵的本質，不管加什麼，都不能破壞它原有的營養。所以想在烏龍麵裡加蕎麥麵也行，說不定這樣就會變成現在大家所吃的那種蕎麥麵了。」我個人認為，佐佐木老師是營養學界的第一把交椅，在蕎麥麵研究的領域當中，也是最具權威的學者。他的論述，應該是相當正確的。然而，我個人在營養研究所任職期間，也像前面佐佐木老師所提到的那樣，以著重營養為前提，把牛奶、小魚乾等各種食材做成粉狀，與烏龍麵或蕎麥麵混合後烹煮，結果一點都不覺得好吃。偶有幾種覺得味道不錯的搭配，但都只是一時，多吃幾次之後就膩了。蕎麥終究還是做成蕎麥麵最好吃。就像在女學校教烹飪一樣，凡事只講求營養的結果，到最後原本應該很營養的東西，是否多半都變得不那麼營養了呢？舉例來說，再怎麼極具營養的食物，如果不合當事人的胃口，吃起來當然就不會覺得好吃。而覺得「難吃、難吃」，卻還是硬吃下肚的食物，我想應該無法帶給身體太多營養。

近來，教育界人士似乎都患了一種營養病，好像不知道實務上該怎麼攝取營養似的。我無意誇大其詞，但事實上，蕎麥麵如果沒有蕎麥的滋味，其實不一定要吃它，還有其他很多營養豐富的食物可吃。如果蕎麥麵和拉麵一樣，麵體本身沒有味道的話，那就要把它和醬汁、配料混在一起，吃配料和醬汁的味道，而不是品嘗蕎麥麵了。雖然「青菜蘿蔔，各有所好」，但世上可說是找不到其他像食物這麼多元多樣的事物了。為什麼這樣說呢？以我個人為例，小時候吃的東西，和年輕時吃的東西，甚至與現在五十多歲所吃的東西，這些食物的味道，不，該說是我對口味的喜好一直都在變。我想這不只有我自己是如此，一般人應該也都是這樣。話說回來，蕎麥麵本身有其營養，醬汁也有醬汁所含的營養成分，而其他用在蕎麥麵裡的素材，也都各具營養。要做成蕎麥麵條，多少都會用到一些雞蛋，也會用到山藥或日本薯蕷之類的素材，因此只要蕎麥粉的品質夠精良，就不必特別在這些風味極佳的粉中加入額外材料，弄得難以下嚥。只要變化一下烹調手法，吃蕎麥麵就能攝取到相當豐富的營養。我知道這樣說對學者、老師們很不敬，身為一位料理者，謹在此補充這句話，同時也懇請各位不吝指導。

堀內中將[7]的觀點

我老家的特產就是信州[8]蕎麥麵。它其實有一套自古流傳下來的吃法——用蘿蔔泥擠出汁液，加味噌調味後，再加蔥末當佐料，即完成沾醬。接著再挾起蕎麥麵，沾少許沾醬吃。不僅是蕎麥麵要講究，選用的蘿蔔泥和蔥，也都各有一些條件。

蘿蔔不能選練馬一代出產的那種軟蘿蔔，那種白胖鬆垮的蘿蔔水分太多，不宜使用。只能選用阿爾卑斯[9]山麓或姨捨山的貧瘠土壤中，在千辛萬苦磨難下成長的蘿蔔，大小至多五寸，粗細約莫像老鼠體型。川中島或松本平的白蘿蔔雖同為信州出產，但也不宜使用。將白蘿蔔拿起，慢慢用力地磨成泥，再使勁一擠，汁液就會一點一滴流下。在沃土中生長的白蘿蔔，一擠就會如流水般唏哩嘩啦地滴出汁液。而我們要的，是如麥芽糖般濃稠，緩緩滴落的汁液。這樣的汁液代表蘿蔔中有「糊」，風味佳，十足嗆辣。

調味可用味噌，用醬油也不錯，可視個人喜好調整，我比較偏好味噌。

村井政善・むらい　まさよし・不詳—一九三七

譯註｜7｜堀內文次郎（1863-1942）是日本陸軍中將，出生於現今的長野縣長野市，曾任台灣總督府副官。

譯註｜8｜長野縣舊稱，蕎麥麵是當地名產，通稱「信州蕎麥麵」。

譯註｜9｜日本阿爾卑斯，由飛驒、木曾、赤石山脈組成。

加入沾醬中的蔥末，也要選擇在肥料充足的沃田中生長的蔥。白根長達一尺的蔥俗稱「根深」，風味欠佳。最好同樣是選擇貧瘠土地中成長，大小約五寸的蔥，在信州則是以若槻所產的蔥最合適。

有句用來形容磨蘿蔔泥的俗語，說要「狠狠地揍它的頭」。可見蘿蔔要選夠硬的，會磨到令人動怒，氣喘噓噓才行。偏軟的蘿蔔甜味重，和蕎麥麵的滋味不搭調。用上述這種蘿蔔和蔥做出來的沾醬，辛辣程度會令人吃驚到眼珠都快掉出來，所以就算再怎麼想多沾也不行。

磨蘿蔔泥時，宜從尾端開始連皮磨。說來奇妙，同樣的蘿蔔，要是改從頭部開始磨，嗆辣味就會大減。

接著要看的是蕎麥麵。蕎麥麵也是一個問題，因為目前在信州地區，它其實已算是奢侈品，畢竟到處都在種植桑葉，少有專門種植蕎麥的地方，真正的純蕎麥粉當然就變得非常稀有了。

蕎麥粉要選戶隱山蕎麥製成的粉，而且還要是從高約六寸左右的「蕎麥樹」上摘下的蕎麥。和田峠一帶出產的蕎麥也還不錯。

更科蕎麥家喻戶曉，但在更科[10]一帶，其實已經吃不到像樣的蕎麥麵了。長野、松本等地當然更是不行。如果一定要找個勉強像樣的蕎麥麵，如今恐怕僅剩下一茶的柏原附近了吧。日本料理研究會的會長，同時也是醫學博士的竹內[11]老師，曾發表過以下這段論述：

浜町花屋敷有一家名叫「吉田」的蕎麥麵店，從以往就一直是門庭若市。先前推出過的「茶蕎麥麵」更是天下極品。可是沒想到，最近它竟然賣起了「可樂餅蕎麥麵」這種詭異的餐點。正當我心想「哎呀，這樣下去不行」的時候，它就沉淪了。它的蕎麥麵越來越往旁門左道發展，到了根本不值一提的地步。下谷池之端的蓮玉庵[12]，口味也很不錯，十五、六年前，一群蕎麥麵老饕掛保證，將蓮玉庵譽為東京第一之後，我有一段時間幾乎每天都上門光顧。但現在這家店也淪落了，蕎麥麵本身的味道，和沾醬的味道感覺不太協調。

神田的「藪蕎麥[13]」也不錯，但沾醬口味稍微重了一點，而且我對店裡的餐具用品等也有些不滿。我心目中的首選，聽起來或許沒什麼特別，

譯註｜10｜蕎麥的知名產地，現已劃歸長野縣長野市及千曲市。

譯註｜11｜竹內薫兵 (1883-1973) 是小兒科醫學博士。

譯註｜12｜創立於 1859 年的蕎麥麵名店，現址位於東京的台東區上野二丁目，上野車站附近。

譯註｜13｜創立於 1880 年的蕎麥麵名店，現址位於東京都千代田區神田淡路町二丁目。

但我還是對麻布永坂的「更科[14]」情有獨鍾。尤其它的「更科蕎麥麵」，更有一種無可言喻風味。起初我也曾吃過店裡的「一般餐點」，也就是所謂的「駄蕎麥麵[15]」，但越吃越覺得那又白又細的更科蕎麥麵[16]很誘人。駄蕎麥麵好吃是好吃，但味道重，在舌間上會留下些許黏膩；而更科蕎麥麵的優點，則是它那清爽到幾乎太過的清淡。

牛込神樂坂的「春月」也不錯，不論是「盛蕎麥麵」或「竹簍蕎麥麵」，樣樣都好吃，唯獨沾醬別具特色。根據老饕們的說法，蕎麥麵要用末端輕沾醬汁後，便順勢滑溜地吸入口中。但我還是覺得隨意亂沾一下，再把麵塞到口中八分滿，是最理想的吃法。

我曾設法向信州的店家訂購蕎麥粉，再請人為我製麵，但吃起來卻不怎麼美味。我想到幫我製麵的是蕎麥麵館，而店家都是用東京式製麵法，製麵時自然會加入許多烏龍麵粉，結果就變成如此不堪的麵條了。這件事至今仍讓我失望不已。（節錄自《食道樂》雜誌）

譯註｜14｜創立於1789年的蕎麥麵名店，昔日曾與「藪」、「砂場」並稱「蕎麥麵御三家」，即三大蕎麥麵館之意。現址位於東京都港區元麻布三丁目，更名為「更科堀井」。原「永坂更科」的商標於1940年代出讓，故現今的「麻布永坂更科」已與1789年創業的更科無關。

譯註｜15｜製作蕎麥麵時，行家認為應以蕎麥麵粉為主，小麥麵粉為增黏用的輔助材料。「駄蕎麥」是指加入大量小麥麵粉的蕎麥麵，而「駄」字在日文當中有粗糙之意。

譯註｜16｜「更科蕎麥麵」指的是只用蕎麥胚乳中心部分製成的蕎麥麵，是麻布永坂「更科」創辦人發明的麵條。

滿州蕎麥麵的滋味（酒井章平先生的故事）

前略　進入一、二月之後，我最大的樂趣，就是「手擀蕎麥麵」了。滿州蕎麥的產量相當高，據說每年還會出口十萬石到日本內地。可是在滿州，除了偶爾看到滿州人在水餃皮裡加蕎麥麵粉之外，很少看到民眾運用蕎麥產品。

說到「品嘗蕎麥」的最佳方式，還是莫過於內地式的手擀蕎麥麵。然而，製作蕎麥麵需要很多技術，也很花體力，甚至小麥麵粉等增黏食材添加的多寡，都可能損及蕎麥的風味。因此，我在啟程來到滿州之前，就悄悄地打探能輕鬆地把蕎麥麵當做日常主食來吃，還要讓「蕎麥」風味發揮到極致的方法，最後勉強接受了機器製蕎麥麵。

光是那部機器，至少就要花掉四、五十圓。而且製麵時不多加一點「增黏食材」，麵就容易斷，拿捏很不容易。後來，有一天干老師說他在中國郊區裡一家髒兮兮的餐館，找到了一種既不需「增黏食材」，又不容易斷，而且口味還很不錯的「蕎麥麵」。我連忙趕到現場，消毒過碗筷後，試著嘗了一口。結果雖不至於非常美味，至少將我當時對蕎麥麵的所有疑慮一掃而空，很令人振奮。當下我問了製麵道具要賣多少錢，算起來約莫二十圓左右。渡邊兄說這點道具不必買，農夫就做得出來。於是我商請他幫忙，兩、三天之內就把道具做好了。我立刻動手製麵。起初吃起來還覺得少了點什麼，後來我請信州的人提供建議，並加以改良後，光吃蕎麥麵，就已經不只是滿好吃，而是可以做到很美味的水準。

製麵道具簡單，烹煮也輕鬆。況且北大營的倉庫裡，還有去年（七年）收成的五十石蕎麥，於是我便決定：只要能製成蕎麥麵粉，我就要用「手擀蕎麥麵」煮煨麵來大快朵頤。不論是早餐或晚餐，每天吃一餐蕎麥煨麵，其實還蠻不錯的。我甚至還考慮回東京開一家標榜「純正蕎麥滋味」的麵館。東京前幾大知名蕎麥麵館之一的「藪忠[17]」，現在已像是為了興趣而開店似的。說現在在東京已無法隨時品嘗到真正的蕎麥風味，一點也不為過。只用一半蕎麥粉，摻一半「增黏食材」來製麵的店家，都還算是很老實的。

譯註｜17｜昭和初期東京地區的手擀蕎麥麵名店，全名為「日月庵・藪忠」，原址位於現在東京的北區中里。

近來甚至還有很多店家乾脆用小麥麵粉製麵，再加點顏色混淆視聽。

會有這樣的現象，我想也是因為蕎麥麵的製麵技術非常困難，要是「蕎麥麵館」為了製麵而養大批師傅，經營上會不敷成本，才使得「時下這種蕎麥麵」逐漸開始橫行吧。

就連知名老饕大谷光瑞[18]先生也很不服輸地說，真正的「蕎麥」風味應該是粗而似斷非斷的。我一直在想：既然日本人對真正的蕎麥風味如此念念不忘、如此講究，為何不借重這些滿州人的智慧呢？

是否因為以往日本人很瞧不起滿州人，態度唯我獨尊？處處留心皆學問，若懷蔑視他人、輕賤事物之心，則難以追求卓越。滿州殖民者在糧食方面，迄今遲遲無法擬定明確方針，一方面是否也因為這種自大心態所致？輕蔑者往往是恐懼的。日本人一方面認為中國農民的食物太過粗糙，無法與之為伍，一方面卻又說不吃玉米、豆類和高粱飯，滿州農業移民這件事就無法成立。閒話休提，在蕎麥的營養成分當中，蛋白質佔有很重要的地位。蕎麥所含的蛋白質，在穀類當中是非常優質的蛋白質。

譯註｜18｜大谷光瑞（1876-1948）是西本願寺第22代門主，法號鏡如，是知名的探險家，也是一位老饕。高雄的逍遙園原是他的度假別墅。

鈴木梅太郎[19]博士曾說「滿州能種蕎麥，對滿州殖民者而言是一大福音。」直到我發現這一套烹調手法之後，我才開始對博士的這番話感到認同。（節錄自《糧友》第八卷第九號）

蕎麥麵的真滋味

不論是什麼樣的食材，只要烹調得太過，風味就會變差；而在難吃的東西上，要設法找出新滋味。事實上，每項食材都有它各自不同的滋味，所以我們當然也應該尊重蕎麥麵原本該有的味道，再加上蕎麥本身就具有相當豐富的營養，因此有人認為，不需要在蕎麥粉裡添加增黏食材，或其他用來改善味道的味精等。

簡而言之，結論就是蕎麥的滋味，要做成蕎麥麵來吃，才能吃出它的真價值。

譯註｜19｜鈴木梅太郎（1874-1943）是農業化學專家。他發現了「維生素」，也是全球第一個發現米糠中含有預防腳氣病成分的人。

蕎麥麵的增黏食材

蕎麥麵的增黏食材，可選用雞蛋、日本薯蕷、長山藥、山藥、大和薯、佛掌薯等，但佛掌薯可能會讓蕎麥麵偏硬。

加入雞蛋所擀出來的蕎麥麵，做出來的量會比使用其他增黏食材的麵多出許多。

藪忠老人[20]探討過增黏食材，根據他的說法：

（甲）用雞蛋當增黏食材時，蕎麥粉一升要搭配（六個一百錢左右的）雞蛋兩個，加入清水後再揉捏。若蕎麥麵粉磨得較粗，可多加一顆蛋，改用三個。

（乙）用山藥當增黏食材時，通常是用生山藥磨成泥，但有時做出來的麵條會太軟，因此最好使用山藥的乾粉，比例是一升蕎麥粉加山藥粉八勺[21]。

（丙）用葛粉當增黏食材時，以一升蕎麥粉加五勺葛粉的比例來調配最恰當。

譯註｜20｜村瀨忠太郎（1859-1938）是蕎麥麵館「藪忠」的老闆，口述出版《蕎麥通》一書。根據獅子文六的隨筆記載，當時「藪忠」的老闆是一位蓄著長鬍子的老人。

譯註｜21｜1勺約為18.139毫升。

此外，我想東京市區裡目前應該沒有，但我聽說許多郊區的蕎麥麵館或馱蕎麥麵館，根本不會用到雞蛋、薯芋類或葛粉，而是用美國麵粉來當「增黏食材」。當中離譜的麵館，甚至會用四杯蕎麥粉加六杯美國麵粉，也就是所謂「四分六」的比例；其次就是用五成蕎麥粉和五成美國麵粉，也就是兩者各半。然而事實上，若真要用美國麵粉當蕎麥麵的「增黏食材」，一般大概是佔三成。有些人或許會說用一成、兩成，甚至說不用增黏食材也可以做得出蕎麥麵來，這些說法都不值得參考。

（丁）早期是擀馬方蕎麥麵[22]練功

蕎麥麵店裡那些技術高超的製麵師傅，聽說早期都是擀馬方蕎麥麵，才練就現在的這一身功夫。

這裡所謂的馬方蕎麥麵[23]，地點位在四谷，通稱「四谷馬方蕎麥麵」，在坊間似乎頗有名氣。根據蕎麥麵大師高村光雲[24]的說法，不管是這家馬方蕎麥麵，或是其他歷史悠久的知名麵館，在明治維新之後，蕎麥麵的「盛、湯」都賣十六文，而店家多半會在店門前的「二八」旁邊，對著街

譯註｜22｜「馬方蕎麥麵」是指一種色澤黑、口感差的廉價蕎麥麵，分量很多。「馬方」是負責以馬運送貨物或載運乘客的一種粗重工作，而馬方蕎麥麵則是供這些司機在休息空檔時果腹的食物。

譯註｜23｜江戶時代位在四谷的一家蕎麥麵館，正確名稱是「太田屋定五郎」。

譯註｜24｜高村光雲（1852-1943）是一位雕刻家，對日本雕刻的現代化很有貢獻。他同時也是詩人高村光太郎的父親。

道擺出寫著「二八蕎麥」大字的行燈[25]。下開式的寬板連著底座，外層貼有拉門紙的橫式「掛行燈」上，最前面寫著「蕎麥麵、烏龍麵、盛、湯」，接著再依序由右向左、直寫著「花卷、蛋花、天婦羅、卓袱[26]、南蠻[27]」。直到夜四[28]（相當於今日的晚間十點），這些掛行燈都還亮煌煌地照耀著街頭。有時候，街上的這盞燈會讓人感到格外寂寥。

武士階層不太會到這種店家光顧，但市井商人、工匠就會上門吃麵。麵館裡的擺設大致於現在相同，店內是一片開闊平坦的空間，上方吊著八間行燈。對現代人而言，八間行燈已顯得有點陌生。它其實就是在大紙傘下方，掛一個土瓶狀的油壺，並在壺嘴點火為燈。油燃燒時會不斷產生油煙，因此八間行燈外層的紙很快就會被燻黑。以往各家蕎麥麵館和澡堂，都是用它來當做照明設備。

當時的蕎麥麵是手擀麵，麵條會有明顯的角，淋上湯汁後送上桌，還會閃閃發亮。「湯蕎麥麵」用的麵碗是牽牛花狀的八角形，蒸籠也和現在有些許不同，四個角的邊會突出一小塊，也就是用井字型的木框，底部鋪

譯註｜25｜以竹子與和紙製成的和紙藝術燈，相當於現在的活動式燈箱招牌。

譯註｜26｜在湯蕎麥麵裡加入數種燉煮蔬菜當配料的一種蕎麥麵形式。

譯註｜27｜在湯蕎麥麵中加入辣椒粉和蔥的蕎麥麵形式，常見的變化形包括鴨肉南蠻、雞肉南蠻、咖哩南蠻等。

譯註｜28｜江戶時代對時刻的稱呼。每個整點都有各自不同的名稱。

上細竹片，做出如薄竹蓆般的樣式。近來竹蓆已隨手可得，但當年與現在可是大不相同。

用手揉和麵粉、擀麵，再俐落地分切而成的蕎麥麵，和時下那些從機器裡慢慢掉出來的麵條，有著不同的風味。而所謂的「竹簍蕎麥麵」，當年在一般麵館是吃不到的。出餐時，竹簍蕎麥麵會盛裝在竹編的篩籃裡，上面不撒海苔。神田的山產店「田名」（位於現在的豐島通右轉處）的著名餐點「二六蕎麥麵」，一份只要十二文錢，比其他餐館便宜四文錢。這種廉價、雜亂的餐館，反而有一種特殊的韻味，蕎麥麵愛好者也很常光顧，味道很不錯。

四谷的「馬方蕎麥麵」也很受好評。它的外觀雖然偏黑，但分量很多，吃一份就能是一頓紮實飽足的午餐。如今四谷已像東京首屈一指的新宿一樣，是很熱鬧的地方，但當時這裡只有「馬方」往來，人數甚至比一般百姓還多。馬方們在休息歇腳時，就會吃這種蕎麥麵，所以才會有「馬方蕎麥麵」之稱，並為它打響了名號。

打造最新穎的吧台式蕎麥麵

吃蕎麥麵時，穿著鞋子坐在椅子上，總讓人感覺不太自在。前面也曾提過，想品嘗到它真正的風味，就得坐在榻榻米上，靜靜地品嘗。然而，我們一方面的確需要一些品嘗蕎麥麵的正統麵館，為老派的蕎麥麵老饕提供榻榻米包廂，但時至今日，隨著文化的演進，我認為也需要一些為一般大眾服務，方便客人坐在椅子上輕鬆享用的店家。然而，放眼時下的蕎麥麵館，大多數都反其道而行，門面和店內大相逕庭。很多店家店內看起來甚至是既不像蕎麥麵館，也不像咖啡館。而到街上人潮較少的地段，走進蕎麥麵館裡一瞧，會發現它們之中有些還保留了明治初年時的裝潢樣貌。這種店家會把盛裝蕎麥麵的容器直接擺在用餐座位上，或在座位上準備外送餐點，有時還會在這裡咚咚咚地切蔥、磨蘿蔔泥。更離譜的店家，甚至不管廚房或外場，煮麵水上都髒得爬滿了蟑螂。舉例來說，去年初夏時，我到上野站去為朋友送行，回程途中走進了山下的某家蕎麥麵館，點了天婦羅蕎麥麵。正準備大快朵頤之際，我嚇了一跳——因為麵裡有一隻好大的蟑螂。我常聽說許多類似的情況。此時就算店家再換一碗送上桌，恐怕也很難讓人再有興趣動筷。我也曾想過：為什麼麵館的廚房可以髒到有蟑螂出沒的地步。總而言之，現今蕎麥麵館面臨的問題之一，就是店面極待改善。若想走大眾路線，以目前的門面，很難吸引稍有身分地位的中產階級或女性顧客上門，這是很值得蕎麥麵館深思的一個課題。

還有一個問題，在前面蕎麥麵館老闆的談話中也稍微提過，那就是盛裝蕎麥麵用的容器。蕎麥麵館的心聲，是認為漆器類實在太貴，這個說法的確言之有理。相較於其他餐點的容器，蕎麥麵的餐具價格確實有偏高的趨勢。一盤十錢的「盛蕎麥麵」，或一份十五錢的「竹簍蕎麥麵」，餐具卻要價一圓二十錢，好一點的甚至要花到近兩圓，我認為的確是稍微奢侈了一點。

然而，真的有必要用到那麼高貴的蒸籠或餐具嗎？漆器類不僅無法丟進熱水裡消毒，如果再仔細觀察那些四方形的餐具，會發現麵館很少徹底地將它們的每個角落都清洗乾淨，所以當然顯得不衛生。與其如此，還不如選擇既便宜，又能消毒乾淨的陶瓷類餐具。不過在西式餐盤上鋪竹簾，總讓人覺得不太對勁，麵館方面不妨再思考一下。其實橢圓形或圓角的四方形餐具，不也都是很好的選擇嗎？四方形的餐具固然也很好，但要仔細清洗到它們的每個角落，畢竟有點難度，因此我認為還是盡量避免為宜。這樣一說，或許又會有另一派的論點出現，認為陶瓷餐具容易打破。但漆器久經使用之後，表層塗漆也會逐漸劣化破損，兩者的道理其實是一樣的。此外，可能還會有人認為陶瓷餐具不方便外送。其實說到叫外送，我有許多不愉快的經驗。例如下雨天時，餐點上會有雨水；佐料碟上雖會用小廣告紙覆蓋，但紙片也總是弄得濕答答的。還有，要是在風大時請距離較遠的蕎麥麵店外送，餐具上經常都會蒙上一層沙。聽起來或許有些誇大其詞，但我句句實言。因此，我認為蕎麥麵館在餐具方面，也還有許多可以改善的空間。

關西地區的烏龍麵館，會用一個方便搬運的有蓋箱子外送，或是像西餐館在餐盤底下加上墊圈，也可以使用外送餐盒。有了這些方法，用陶瓷餐具外送，我想應該是不成問題。

其次是店面的問題。曾有位蕎麥麵館的老闆找我商量，說想把店裡改成吧台式的座位，不知道合不合適。我很認同他的想法。我告訴這位老闆：這種座位的確不是一般蕎麥麵館會採用的做法，如果要做，應該會是在大眾路線的麵館。既然愛吃蕎麥麵的人，都願意在火車站的月台上，利用短暫空檔時間吃麵，那麼在店內的中央處設置爐灶，安裝水槽，不用自來水，改用流動的清水來烹調，並且鋪上磁磚，強調衛生，打造三面吧台式的座位，就像現在的關東煮餐館那樣，應該就會是最理想，也最符合大眾需求的蕎麥麵館。敬請各位蕎麥麵館老闆不吝評估。

◎作者簡介

村井政善・むらい　まさよし

不詳—一九三七

大正、昭和年間料理研究家，師承日本料理四條流九代目石井泰次郎。曾任大日本料理研究會講師、國立榮養研究所調理部長，經常出席免費料理講座，發表文章於《料理之友》雜誌，除了廣泛地向日本國民介紹日本及西洋各種料理，更以中產家庭主婦為主要目標，宣導如何製作營養、經濟又簡便的日常料理。曾出版《家庭應用和洋料理法》、《窺探「咖啡」——輕鬆做出料理的方法》、《最新實用和洋料理》等。

小感日常06

和日本文豪一起做料理

佐料提味、傳統割烹、熬湯燉物……一起沉浸在美好的時鮮滋味

作　者　北大路魯山人、吉川英治、佐藤垢石、大町桂月、太宰治、林芙美子、岡本加乃子、村井政善
譯　者　張嘉芬
版本出處　網路圖書館青空文庫
策　畫　好室書品
特約編輯　陳靜惠、盧琳
校對協力　黃莛勻
封面設計　白日設計
內頁排版　洪志杰

發行人　程顯灝
總編輯　呂增娣
主　編　徐詩淵
資深編輯　鄭婷尹
編　輯　吳嘉芬、林憶欣
編輯助理　黃莛勻
美術主編　劉錦堂
美術編輯　曹文甄、黃珮瑜
行銷總監　呂增慧
資深行銷　謝儀方、吳孟蓉
發行部　侯莉莉
財務部　許麗娟、陳美齡
印　務　許丁財

出版者　四塊玉文創有限公司
總代理　三友圖書有限公司
地　址　一〇六台北市安和路二段二一三號四樓
電　話　(02) 2377-4155
傳　真　(02) 2377-4355
電子郵件　service@sanyau.com.tw
郵政劃撥　05844889三友圖書有限公司

總經銷　大和書報圖書股份有限公司
地　址　新北市新莊區五工五路二號
電　話　(02) 8990-2588
傳　真　(02) 2299-7900

製版印刷　卡樂印刷彩色製版有限公司

初　版　二〇一八年十月
定　價　新台幣二九〇元
ISBN　978-957-8587-44-1（平裝）

國家圖書館出版品預行編目 (CIP) 資料

和日本文豪一起做料理：佐料提味、傳統割烹、熬湯燉物……一起沉浸在美好的時鮮滋味 / 北大路魯山人、吉川英治等著；張嘉芬譯 .-- 初版 .-- 台北市：四塊玉文創，2018.10
面；　公分 .--（小感日常；6）
978-957-8587-44-1(平裝)

1. 飲食 2. 文集

427.07　　107015178

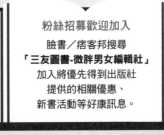

【黏貼處】對折後寄回，謝謝。

親愛的讀者：

感謝您購買《和日本文豪一起做料理：佐料提味、傳統割烹、熬湯燉物……一起沉浸在美好的時鮮滋味 》一書，為感謝您對本書的支持與愛護，只要填妥本回函，並寄回本社，即可成為三友圖書會員，將定期提供新書資訊及各種優惠給您。

姓名＿＿＿＿＿＿＿＿ 出生年月日＿＿＿＿＿＿＿＿

電話＿＿＿＿＿＿＿＿ E-mail ＿＿＿＿＿＿＿＿

通訊地址＿＿＿＿＿＿＿＿＿＿＿＿＿＿＿＿

臉書帳號＿＿＿＿＿＿＿＿ 部落格名稱＿＿＿＿＿＿＿＿

1 年齡
□ 18 歲以下 □ 19 歲～ 25 歲 □ 26 歲～ 35 歲 □ 36 歲～ 45 歲 □ 46 歲～ 55 歲
□ 56 歲～ 65 歲□ 66 歲～ 75 歲 □ 76 歲～ 85 歲 □ 86 歲以上

2 職業
□軍公教 □工 □商 □自由業 □服務業 □農林漁牧業 □家管 □學生
□其他＿＿＿＿＿＿＿＿

3 您從何處購得本書？
□網路書店 □博客來 □金石堂 □讀冊 □誠品 □其他＿＿＿＿＿＿＿＿
□實體書店＿＿＿＿＿＿＿＿

4 您從何處得知本書？
□網路書店 □博客來 □金石堂 □讀冊 □誠品 □其他＿＿＿＿＿＿＿＿
□實體書店＿＿＿＿＿＿＿＿ □ FB(三友圖書 - 微胖男女編輯社)
□好好刊（雙月刊） □朋友推薦 □廣播媒體＿＿＿＿＿＿＿＿

5 您購買本書的因素有哪些？（可複選）
□作者 □內容 □圖片 □版面編排 □其他＿＿＿＿＿＿＿＿

6 您覺得本書的封面設計如何？
□非常滿意 □滿意 □普通 □很差 □其他＿＿＿＿＿＿＿＿

7 非常感謝您購買此書，您還對哪些主題有興趣？（可複選）
□中西食譜 □點心烘焙 □飲品類 □旅遊 □養生保健 □瘦身美妝 □手作 □寵物
□商業理財 □心靈療癒 □小說 □其他＿＿＿＿＿＿＿＿＿＿＿＿＿＿

8 您每個月的購書預算為多少金額？
□ 1,000 元以下 □ 1,001 ～ 2,000 元 □ 2,001 ～ 3,000 元 □ 3,001 ～ 4,000 元
□ 4,001 ～ 5,000 元 □ 5,001 元以上

9 若出版的書籍搭配贈品活動，您比較喜歡哪一類型的贈品？（可選 2 種）
□食品調味類 □鍋具類 □家電用品類 □書籍類 □生活用品類 □ DIY 手作類
□交通票券類 □展演活動票券類 □其他＿＿＿＿＿＿＿＿

10 您認為本書尚需改進之處？以及對我們的意見？
＿＿＿＿＿＿＿＿＿＿＿＿＿＿＿＿＿＿＿＿＿＿＿＿

感謝您的填寫，

您寶貴的建議是我們進步的動力！

【黏貼處】對折後寄回，謝謝。